前 言

在鄂尔多斯，有一种石头，当地人认为它是一种毒石头，毒性像砒霜一样强。

这种石头真的有毒吗？真的会像砒霜那样，人吃了就会要命吗？其实不然。

实际上，这只是一种比较奇葩却没有找到合适用途的石头罢了。

之所以说它奇葩，是因为只要不遇到水，它硬如磐石，用榔头敲也敲不碎，可一遇到水就稀软了，马上就烂如泥；之所以说它没有合适用途，是因为拿它既不能直接当建筑材料用，又不能在它上面种树种草，但根据物尽其用的原则，它一定有用，只是我们还不知道。

这到底是一种什么石头呢？说来话长。

据说，在5.7亿年至2.3亿年前的古生代，内蒙古、陕西、山西等省区有一大片地方是一片海洋，进入距今约3亿年的二叠纪，却出现了海退陆进现象，这里逐渐变成了内陆盆地，并沉积了陆相红色泥岩、碎屑岩，在距今2.5亿年至2亿年前的三叠纪早中期还不断加厚。

从距今2.5亿年至2.03亿年的三叠纪晚期开始，盆地的地壳开始下沉，并一直持续到第三纪上新世，就是持续到距今258.8万年前。然而，在这个漫长的地质过程中，受几次地质构造运动的作用，出现了几次盆地上升的现象。这种现象直接导致了地层之间的错位，使得年老的地层跑到年轻的地层上面，在地层之间出现了不整合的现象。

与此同时，地层中的沉积物在侏罗纪早期呈绿色、灰色含煤砂岩，中末期就出现了红色泥岩，到了白垩纪就变成了巨厚的泥岩、粗碎屑岩，最后到了第三纪上新世，又变成了红色泥岩黏土层。到了晚第三纪，在喜马拉雅山构造运动的升降中，形成了鄂尔多斯高原。最后到了第四纪，这个地区的气候开始干冷起来，黄土风蚀成沙，古人类出现，初步形成现代地貌景观。

就在这种一阵上升一阵下沉的地质运动中，经过亿万年的地质运动，最终形成了这种奇葩无比的石头。其实，由于地质构造作用，地壳升升降降，这种石头实际上并没有“修炼”成咱们常见的那些石头。

因为沉积物不同，成岩的环境不同，这种石头的颜色很是丰富，有红色、白色、黄色，还有灰黄色、灰白色、紫红色、灰色、灰紫色、紫红色等，五颜六色，煞是美丽。也正是由于其中的紫红色的泥岩、泥砂岩颜色与羊肝十分相似，所以当地人又称其为“羊肝石”。

然而，这种石头给当地带来了很多麻烦，甚至是灾害。

正是因为这种石头遇水成稀泥的特征，水土流失非常严重。分布有这种石头的地区，地形破碎，千沟万壑，每平方千米内的沟道长度达到5~7千米，每年每平方千米流失的侵蚀物质达到三四亿吨。加上这里气候干燥，降雨少，植被退化非常严重，覆盖度极低，平均不到20%，到处能看到大面积的这种石头。最严重的是，这里冬夏温差大，冬天经常刮大风，因而，这里有水力侵蚀、风力侵蚀、冻融侵蚀，还有重力侵蚀，形成了多种力相互交叉作用的复合侵蚀现象。而且,这种石头侵蚀产生的泥沙颗粒大部分都很粗,一旦跑到黄河里,就会淤积河道。

据专家们调查分析,这种石头的分布面积约为1.67万平方千米,仅仅约占黄河流域面积的2%多点。但是,你可不要小看这个2%,它每年产生的粗泥沙量大约竟然占到黄河下游河道多年平均淤积量的1/4,对黄河下游河道的危害太大了。

强烈的复合侵蚀,使得这里生态环境极度恶化,群众无地可耕、有树难栽、无草养畜,又不能用这些石头盖房修路,造成严重的生态致贫。因此,当地人认为这种石头毒如砒霜,就把它叫作“砒砂岩”。在国际上,专家们把砒砂岩地区的生态退化问题又称为“地球生态癌症”。可见其危害之大,治理之难。

既然砒砂岩这种石头有这么多的害处,那么再难也得设法治理。多年来,当地群众和国家相关行业的专家,提出了不少治理方法。例如,在砒砂岩的山顶,如果覆盖有土壤或沙,就挖鱼鳞坑种油松、山杏等树木,发展经济,防风固土,种草养畜;在沟底、沟坡种沙棘等灌木,还利用密植沙棘等灌木形成植物“柔性坝”,过滤拦截从上游山坡上下来的泥沙,防止泥沙出沟进入黄河;利用沟口沉积的三角洲泥沙建淤地坝,拦沙种地;封山育林育草,生态移民,防治人为活动对砒砂岩造成的侵蚀等。这些措施在一定程度上发挥了很好的作用,减轻了水土流失,改善了当地生态环境,并带来一定的经济效益。

但是,这些措施的作用仍然是有限的,砒砂岩地区的生态恶化和水土流失问题依然没有得到有效解决。山坡上大部分都是没有土或沙覆盖的裸露砒砂岩,是水土流失集中发生的部位,既种不活树也种不成草,也不能像在黄土地区那样修梯田等,没有相应的有效治理措施;沟道建拦沙的淤地坝缺乏大量土料等建筑材料;即使进行封禁,砒砂岩上面也仍难以恢复植被。改善这个地区的生态环境,促进当地经济社会发展,让因生态而致贫的群众尽快脱贫,已经成为国家的战略目标。解决砒砂岩地区退化植被修复、防治粗泥沙进入黄河等问题,已经成为实现我国西北地区生态建设目标的攻坚战。

为此,国家对砒砂岩地区的治理给予了高度重视。在“十二五”期间,将砒砂岩治理研究列入科技支撑计划中,设立了“黄河中游砒砂岩区抗蚀促生技术集成与示范”项目(编号:2013BA05B00),集中全国相关科技力量打响治理砒砂岩的攻坚战。河南省也通过“河南省创新型科技人才队伍建设工程”项目(编号:162101510004)资助攻关研究。

黄河水利科学研究院作为这些重大项目的承担单位,联合十多家国内科研机构、高等院校、企业及管理部门的近百名专家,组成攻坚队伍,对砒砂岩治理的基础理论、核心技术、关键措施开展突破创新。

经过近年大量的科学考察、探索研究,终于在砒砂岩治理的关键技术上取得了重要突破,摸清了砒砂岩无水坚如磐石、遇水烂如稀泥的原因,攻克了适应于砒砂岩治理的抗蚀促生技术和砒砂岩改性技术,研发了砒砂岩改性材料,建立了治理砒砂岩区的技术集成模式,实现了在裸露砒砂岩上种草种树,让退化植被得以修复,将砒砂岩原岩作为建筑材料修建淤地坝,把砒砂岩当作资源加以利用的设定目标。这些技术在砒砂岩地区得到了成功示范。

为了向更多读者介绍这项成果,更广泛普及砒砂岩治理的科学知识,我们试图以科普的形式,较为系统地介绍砒砂岩的来龙去脉、砒砂岩生态恶化危害、水土流失的严重性、砒砂岩的物理化学特性、砒砂岩的常规治理方法、砒砂岩治理取得的新技术新方法,以及新技术新方法的应用示范效益等。

在这本科普读物的编写过程中,我们尽量充分展示这项研究取得的多方面成果，但又不可能面面俱到；尽量用通俗的语言阐述那些艰涩的专业术语，但又难以照顾到方方面面的读者；尽量做到图文并茂，但又因作者文字水平有限和其他多种原因，又必然存在言辞不妥和插图欠缺的问题。另外，我们对一些专业知识或术语的介绍可能不够全面，在此敬请读者见谅。

这本读物是项目研究成果之集成，为此，我们向所有为项目研究成果作出贡献的人员表示感谢。另外，在编写过程中，参考和采用了大量文献，包括发表的学术论著、图片等，读物中没有一一列出文献出处和作者姓名，我们敬请相关作者给予谅解，并对这些文献的作者表示十分感谢！

参加本书编著工作的还有肖培青、赵何晶、申震洲等。

应再次说明的是，由于我们的水平有限，难免有不当之处，请读者给予批评指正。

作者

二〇一六年九月三十日

目录

第一章 地球生态癌症——砒砂岩 …………………………… 001
第一节 简说黄河 …………………………………………… 001
第二节 多灾多难的开封 …………………………………… 004
第三节 初探砒砂岩 ………………………………………… 009
第四节 话说砒砂岩的历史 ………………………………… 012
第五节 康熙与砒砂岩 ……………………………………… 016
第六节 砒砂岩属于丹霞地貌吗？ ………………………… 019

第二章 砒砂岩在哪里？面积有多大？ ……………………… 024
第一节 砒砂岩分布范围及类型 …………………………… 024
第二节 砒砂岩的岩石、化学特征 ………………………… 034

第三章 砒砂岩是如何侵蚀的？ ……………………………… 043

第四章　砒砂岩生态恶化的后果有多严重? …… 053

第一节　治理水土流失的必要性 …… 053

第二节　细数水土流失危害 …… 057

第五章　砒砂岩“生态癌症”常规疗法 …… 065

第一节　油松林 …… 067

第二节　柠　条 …… 071

第三节　沙　棘 …… 073

第四节　其他植物 …… 091

第五节　淤地坝 …… 092

第六节　谷　坊 …… 096

第七节　植物柔性坝 …… 098

第六章　治疗砒砂岩“生态癌症”揭开新篇章 …… 103

第一节　新篇序 …… 103

第二节　二老虎沟、暖水乡及沙圪堵镇 …… 108

第三节　项目的科学研究目标 …… 113

第七章　把砒砂岩的性格改一改 …… 115

第一节　探究砒砂岩膨胀原理 …… 117

第二节　测取蒙脱石的特征数据 …… 126

第三节　对砒砂岩进行改性 …… 130

第八章　给砒砂岩穿上一件会呼吸的"治疗服" …………………… 143

第一节　固结材料研究历史与缺陷 …………………………… 145

第二节　遭遇挑战　逆势而行 ………………………………… 149

第三节　W-OH 是什么？ …………………………………… 152

第四节　W-OH 抗蚀机理探索及试验 ……………………… 155

第五节　W-OH 抗蚀促生材料试验效果 …………………… 161

第九章　立体模式点绿砒砂岩区 ……………………………… 168

第一节　抗蚀促生的终极目标 ……………………………… 169

第二节　一个陡峭的试验小区 ……………………………… 172

第三节　构建二元立体配置模式 …………………………… 179

第四节　二元立体配置模式是如何布置的？ ……………… 183

第十章　科技必将让砒砂岩区恢复青山绿水 ………………… 195

第一章 地球生态癌症——砒砂岩

第一节　简说黄河

要想把“地球生态癌症”——砒砂岩的来龙去脉说清楚，就得先说说黄河。

在我国960万平方千米国土的北方，流淌着一条巨大的河流，她是我们伟大祖国的象征，是我们中华民族的母亲河，她，就是黄河。黄河从源头的涓涓细流，沿途经历青海、四川、甘肃、宁夏、内蒙古、山西、陕西、河南和山东等九个省区，一路行程5464千米，跨越流域面积752443平方千米，汇集千万条溪川的400多亿立方米水量，形成滚滚洪流，一泻万里，进入渤海（见图1-1、图1-2）。正如李白诗曰：“黄河之水天上来，奔流到海不复回。”

黄河是我们中华民族兴起的摇篮，造就了我国几千年绚丽灿烂的历史文明，对我国历史发展有着卓越的贡献。约80万年以前这里已经有原始人生活了。在新石器时代，我们的祖先就生活在这片广阔的土地上，并兴起了农业。约在3500年前，位于黄河流域的商王朝，已经成为世界古文明帝国之一。从殷商到北宋，黄河流域一直是我国政治、经济、文化的中心。

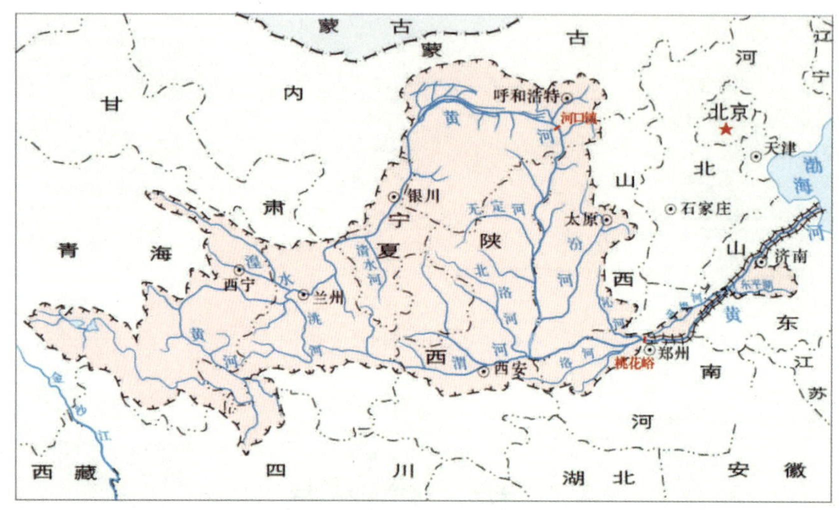

图1-1 黄河流域图

图1-2 奔腾的黄河壶口瀑布

底格里斯河、幼发拉底河、尼罗河、黄河、印度河与恒河分别孕育了古巴比伦、古埃及、古代中国、古印度四大文明古国，成为人类文明的摇篮。神农的“亲尝百草”教民耕作、商汤甲骨文、青铜的铸造、春秋战国百家争鸣、孔子百代宗师、司马迁千史绝唱、李杜诗仙诗圣群英荟萃、清明上河不朽画卷、百调荡气戏剧曲唱……这些中华文明之瑰魂，有哪一样不是诞生于黄河流域？不知道在黄河这个历史大舞台上演绎了多少场震撼世界的千古绝唱！

然而，在黄河与中华民族同生共存的历史长河中，一直是爱恨交织，杂味情愫交结。一方面，黄河孕育了中华民族；另一方面，在历史上黄河又每每洪水肆虐泛滥，给我国人民带来深重灾难。黄河洪水灾害根源于泥沙。黄河的水流每年带有十亿多吨泥沙，进入渤海，这些泥沙中有一部分粗的就堆积在下游河道内，久而久之就把黄河下游淤积成了世界上著名的“地上悬河”，如现在的开封河道就比大堤外地面高十多米，一遇洪水就极易决堤致害。

黄河这么多的泥沙特别是粗泥沙到底来自哪里？要说清楚粗泥沙的来源地，咱就不能不说说黄河流域的一种另类岩石——础砂岩了。

第二节 多灾多难的开封

在说清黄河粗泥沙的来源前，咱得花开两朵，各表一枝，暂且把砒砂岩的事情放一放，先说说十二朝古都开封。

以前用过火柴的人都知道有一个著名的火柴品牌——铁塔牌，这个铁塔就在开封，是开封著名的旅游景点。而铁塔的知名不仅是因为它的历史，还有一个当地人妇孺皆知的事——铁塔是黄河下游地上悬河的对照物。

什么叫“地上悬河”，看看下面这幅示意图就知道了(见图 1-3)。

这是对黄河下游地上悬河的直观图示。现在，黄河河床比大堤外的开封地面高 13 米，比新乡地面高 20 米。可以想象，黄河一旦决口，下游两岸地区将遭受灭顶之灾。也正是这个地上悬河，让开封千百年来遭受了一次又一次的灾难洗劫，并形成了举世闻名的开封“城摞城”现象。

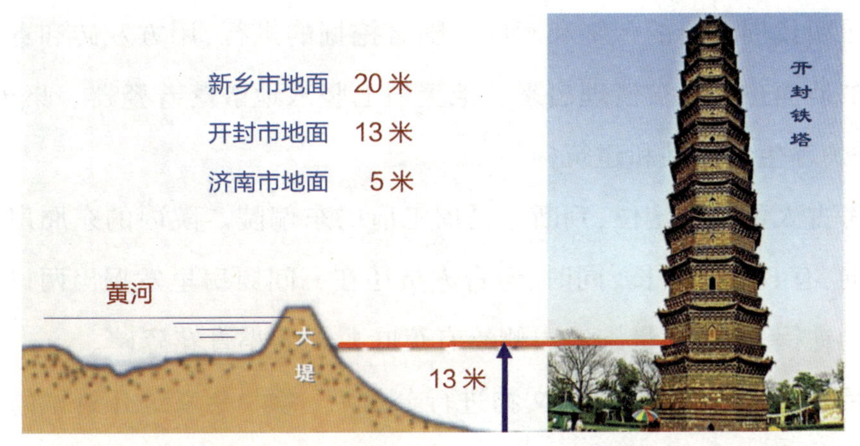

图 1-3 黄河“地上悬河”示意图

据史料记载，从公元前602年到公元1938年的2000多年间，黄河决口1590余次，大的迁徙改道26次，平均三年两决口、百年一改道。而每次灾难都夺取了千万人的生命，流离失所者更是不计其数。1938年黄河改道，滚滚洪水汹涌南下，冲进淮河，淹没了豫南、皖北、苏北的大片土地，受灾人口1250万，死亡89万，使得黄淮平原的千里沃野变成了一片凄惨荒凉的“黄泛区”。

对开封来说，黄河的每一次泛滥和改道，都会对其带来巨大灾难乃至灭顶之灾。因为泛滥改道，历史上的开封城多次被淹、多次被埋。

“开封城，‘城摞城’，地下埋有几座城？龙亭宫，‘宫摞宫’，潘杨湖底几座宫？”这是流传于开封民间的顺口溜。很多年来，谁也不知道开封的地下到底什么样子，直到1981年5月中旬的那个清晨，开封地下隐藏了千年的秘密才被揭开。

当年5月，开封市园林处正在对开封龙亭东湖清淤堆山，忽然有人发现施工的推土机推出了很多古建筑用的方八砖和朱砂帘子簸。出于对职业的敏感，一位正在现场施工的工作人员当即要求停工，并迅速将这一情况告知了开封市考古队。考古队的专家到现场后，立即进行了勘察。随着工人们的一层层挖下去，当清理到湖底1.5米的时候，现场人员就看到了明代周王府的台基和廊庑。随着挖掘的进行,用方八砖和青石条砌出的地面也渐渐被清理出来，地上横七竖八地散落着瓷器、桌子、棕床、香炉等生活用品和建筑构件。

考古人员根据定位,判断这是周王府的东偏院。院内的东厢房呈南北走向,有 300 多米长。同时,考古人员还在一间厨房里发掘出两口锅底很深的铁锅,还有大量碗底内侧绘有蕉叶龙纹的小青花瓷碗。

后来,对考古发掘现场文物进行分析后,考古专家对开封城的地下有了比较详细的了解。到了现在,我们已经知道了这个“城摞城”的开封地下应该有 6 层:清代开封城的地面在地下约 3 米处,明代开封城约在地下 5~6 米处,金代汴京城约在地下 6 米处,北宋东京城距地面约 8 米深,唐代汴州城距地面约 10 米深,最下面的魏国大梁城在地下 10 余米处。下面的图 1–4 是专业人员绘制的被黄河泥沙掩埋的历代开封城。

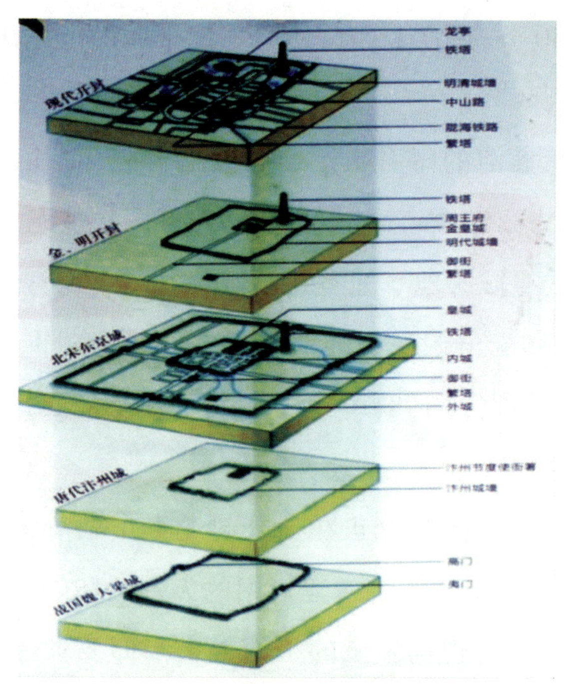

图 1–4 开封城摞城示意图

此外,对开封来说,最神奇的是,除了“城摞城”“宫摞宫”“墙摞墙”,

考古过程中还发现了“路摞路”“门摞门”“马道摞马道”等现象。

然而，读者朋友们可能不明白了，为什么这些城啊，宫啊，墙啊，甚至路啊，门啊，马道啊能够如此准确地摞在一起呢？

其实，这应该归功于我们古人的智慧和科学的建城经验。因为根据史料记载，每一次遭遇黄河泛滥淤埋的开封，等到每一次洪水退去后，开封城内总是能够留下3座高大的建筑，其中就包括前面提到的著名的开封铁塔，此外还有另两座建筑——繁(pó)塔和延庆观。

所以，聪明的历代开封城的规划者和建设者们就利用这3座高大的建筑物为坐标，来确定被洪水冲毁和被淤埋的建筑物位置，在原址上准确地筑起楼宇、街市、桥梁等，甚至还会开挖湖泊和河道等。

因此，今日的开封人才会从另一个角度认为，正是因为屡次的黄河泛滥，这个千年古城却因祸得福，在黄河淤积泥沙的一层层保护下，开封城早期的古城城址才免受了历次的水火和无尽的风沙摧残及战争破坏，得到了较为完整的保存，给后人留下了一份丰厚的文化遗产。

表完开封的“城摞城”，再回到造成这种一半是灾难一半是庆幸遗产的黄河下游地上悬河，溯源而上，寻找造成地上悬河的主因。

众所周知，黄河作为中华民族的母亲河，孕育了数千年灿烂的黄河文明，从某种角度来说，一部中华文明史就是一部中华民族和黄河泛滥作斗争的历史。

作为世界上含沙量最大的河流，每年产生的16亿吨泥沙对黄河的中下游产生的影响是不言而喻的，尽管最近几年黄河上游的来沙量减少为3亿吨左右，并且经过黄河的科学治理和调度，取得了举世瞩目的治理效果，但是面对未来不可预知的风险，黄河的治理形势依旧显得很严峻。

了解黄河的人都知道，从黄河中上游来的泥沙随着黄河水的一路向东，大部分都进入黄河的入海口，并形成了广袤的华北冲积大平原，甚至营造了像山东东营这样的新城市（见图 1-5）。但是，总有一部分粗泥沙送不到海里去，淤积在河道里。

图 1-5 美丽的滨海城市东营市

大自然的神奇力量就是这样，一方面造就了东营这样美丽的河口三角洲城市，另一方面却造成了黄河下游的地上悬河。来自中游地区的这些粗泥沙到了下游，特别是经过河南省郑州市的花园口之后，由于河道变宽，水流速度降低，河道的输沙能力降低，粗泥沙就会淤积在郑州市以下的河道内，特别是在开封河段淤积的最集中，日积月累的淤积，也就形成了世界闻名的“地上悬河”。

明白了黄河下游的地上悬河形成的原因之后，一代代治理黄河的专家开始寻找这些粗泥沙的来源。终于，经过大量的科学考察和研究，科学家们在位于黄河中游的黄土高原找到了这些粗泥沙的老巢核心区——砒砂岩地区。

第三节　初探砒砂岩

回到砒砂岩这个主题上,让我们先来认识一下这种特殊的事物。

单纯从砒砂岩这个名词上看，恐怕不了解的人都会心中不由一惊，因为砒砂岩里的“砒”常常以一种毒物的形式出现——砒霜。恐怕很多人都知道砒霜这种毒物,而最让这种毒物知名的莫过于潘金莲用它毒死丈夫武大郎这件事。

砒砂岩这种岩石是不是有毒呢?

中国文字含义的博大精深,很多时候太容易让我们从某个单独的字形来判断整个词的现实属性。很多不了解砒砂岩的人就是这样,所以总是先入为主地将这种岩石定性为有毒也就显得自然而然了。

事实上,砒砂岩并不是我们想象的那样。

砒砂岩是地球上的一种很特殊的地质构造产物,从物理和化学属性上看,它和让我们不寒而栗的砒霜没有一丁点的联系,唯一能够勉强扯上关系的仅仅是两者都有一个“砒”字而已。试想，如果这种岩石真的像砒霜一样有剧毒，流经此地的黄河母亲河又怎么能够孕育出数千年辉煌的中华文明呢？

那么，砒砂岩为什么会有这个奇特的名字呢？

据说，这个名字原来是当地群众根据砒砂岩的自身特性所起的。砒砂岩上面从来不会生长任何植物，所以当地的老百姓认为在这种岩石上既无法耕作，也不长草不长树，而且一遇暴雨，还会发生强烈的水土流失，造成灾难，让老百姓损失惨重，为此，也不知道有多少老百姓因生态恶化而致贫，那这种岩石和砒霜毒物有什么区别呢，所以就给它起了一个名字，叫作“砒砂岩”。

砒砂岩地区生态环境非常恶劣，是我国北方地区生态极度脆弱的典型区，长期以来一直找不到非常有效的治理办法，因而，国内外生态专家们把这个地区称为“地球生态癌症”。砒砂岩成为地球上独一无二的一种地质现象，也可以说它成了一种生态灾害，这在一定程度上说，也真是无愧于为它起的这个名字了。

砒砂岩主要分布在我国的内蒙古、陕西和山西等省区。

说砒砂岩是一种生态灾害，看看它的一个特性就可以让第一次见到它的人大开眼界：别看它平时和一般的岩石没有任何区别，就是用铁榔头都难以敲碎，但是它一旦遇到水，哪怕是你随手捡来一块砒砂岩，手持一瓶水，从上而下向它浇，转眼你就能够看到这块刚才用铁榔头都敲不开的岩石，就像是中了“阿里巴巴，开门吧”神咒一样，四散裂开。随着继续浇水，泥沙会顺着指缝往下流，煞是神奇！

在下面这张图片中（见图 1–6），最左边的是一块没有经过任何处理的砒砂岩，它呈现着一般岩石的状态，从其外表看，也可以感觉到用一般的手段将其粉碎基本上是不可能的。中间的一块是已经用水浇过的岩石，过水之后，只要你用手轻轻一掰就裂成两块。右边的一块还在经受水的浇淋，虽然下面这张照片拍摄时，没有抓拍到更为清晰的画面，但还是能够看到有泥水顺着指缝溅落。

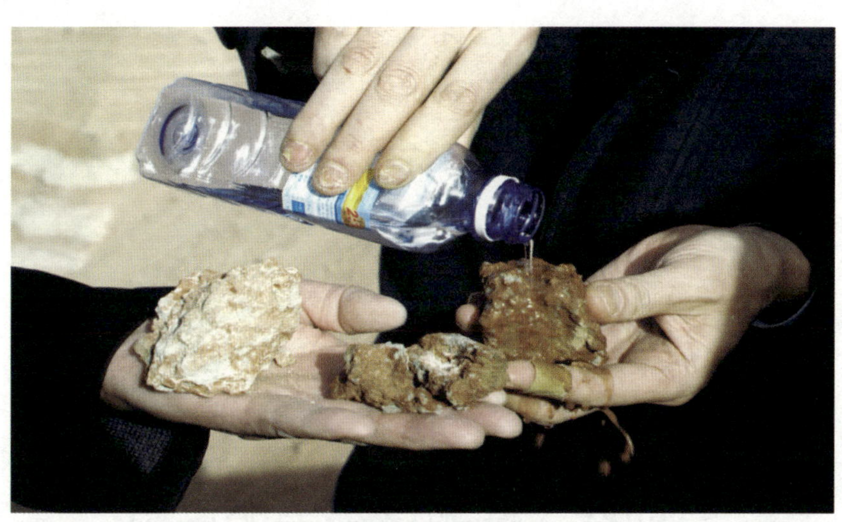

图 1-6　砒砂岩遇水成泥

俗话说："人见稀罕物，毕竟寿命长。"咱开完眼界再继续讲这个神奇又让人头疼的砒砂岩的前生后世。

在砖瓦窑厂烧过砖瓦的人都知道，如果是火候不到，经常会烧出一些半生不熟的砖瓦，这些砖瓦一旦使用很容易造成严重的质量问题。

我们说的这个砒砂岩也是这个特性，属于地质形成过程中的半成品。为何说它是个半成品呢？或者说砒砂岩的地质成因到底是怎么回事呢？

下面咱再说说砒砂岩到底是怎么形成的。

第四节 话说砒砂岩的历史

岩石又叫作石头，属于地质勘探领域的专属名词，也是地质勘探的主要对象。岩石是由一种或者两种以上的矿物质所组成的固结或者不固结的几何体，在自然界大量存在，是构成地壳和上地幔的物质基础。岩石的种类很多，按照成因分为岩浆岩、沉积岩和变质岩等。

同时，不同的岩石形成于不同的地质年代。地质年代是指各地质事件发生的先后顺序，也指各地质事件发生距今的年龄。根据测序手段的不同，又分为相对地质年代和绝对地质年代。前者利用地层层序律、生物层序律以及切割率等确定各种地质事件发生的先后顺序，后者利用岩石里某些放射性元素的蜕变规律，以年为单位测算岩石形成的年龄。

砒砂岩就是由分布在几亿年前的古生代二叠纪、中生代三叠纪、侏罗纪和白垩纪时期形成的厚层砂岩、砂页岩和泥质砂岩所组成的岩石互层。由于在形成过程中，组成这些厚岩层的物质有差异，就出现了灰黄色、灰白色、紫红色的石英砂岩,灰色、灰黄色、灰紫色的砂页岩,紫红色的泥岩、砂岩等。

如果现在有一台时光机器,我们就能够回到过去,去看看础砂岩的诞生和成长历史,应该是这样的:

科学家考证,分布在内蒙古、陕西、山西等省区的础砂岩所在地,在距今5.7亿年至2.3亿年前的古生代是一片海洋。但是进入距今约3亿年的二叠纪,出现了海退陆进现象,这里逐渐变成了内陆盆地,并沉积了陆相红色泥岩、碎屑岩,并在距今2.5亿年至2亿年前的三叠纪早中期有加厚趋势。虽然这段时期盆地一度上升,但这造成了短期风化侵蚀,使得地层间出现了错位的整合。

从三叠纪晚期开始,盆地的地壳开始下沉,并一直持续到第三纪上新世,就是持续到距今258.8万年前。然而在这个漫长的过程中,受几次构造运动的作用,出现了盆地的上升现象。这种现象直接导致了地层之间的错位,使得年老的地层一跃到了年轻的地层上面,地层之间出现了不整合的现象。就像是一张完整的纸,被撕裂之后进行了放置。很显然,这样的结果就是整叠纸的整体强度严重下降。

与此同时,地层中的沉积物在侏罗纪早期为绿色、灰色含煤砂岩,中末期就出现了红色泥岩,到了白垩纪就变成了巨厚的泥岩、粗碎屑岩,最后到了第三纪上新世,又成了红色泥岩黏土层。到了晚第三纪,在喜马拉雅山构造运动的升降中,础砂岩地区的盆地最终形成了鄂尔多斯高原特殊地质景观之一。

在整个侏罗纪,础砂岩地区盆地处于温暖湿润的时期,彼时植物大量繁殖、生长茂盛,为鄂尔多斯的煤矿形成打下良好的基础。

最后到了第四纪,础砂岩地区的气候开始干冷起来,黄土风成沙、古人类出现,基本形成现代地貌景观。

就是在这种一阵上升一阵下沉的地质运动中，砒砂岩经过亿万年的地质运动，彻底撕碎、错乱了原本可以形成的强壮坚固之躯，变成了今天的这种不伦不类、奇葩无比的懦弱基因。事实上，这和凡人的成长又有多么大的相似性，不是有人说成功的秘诀之一就是要立长志而不要常立志吗？从这里看，这二者还真是有些异曲同工之妙！

看出问题了吧，虽然经历了很长时间，但压力不够难以成器啊。

因为地壳升升降降，砒砂岩所处地层为陆相碎屑岩系，加之砒砂岩形成过程中上覆岩层厚度较小、压力低，造成其成岩程度低、沙粒间胶结程度差、结构强度低，水土流失极为严重，生态环境相当恶劣，使得砒砂岩上既不长草更不长树。

砒砂岩在地质构造上属于华北地台鄂尔多斯台向斜，以中生代地层为主，岩层产状接近水平，为一稳定结构。自距今 258 万年的第四纪以来，以新构造上升运动为主，强烈的上升运动及其松散的特性是砒砂岩产生强烈的现代侵蚀的主要内在原因。

说了这么多，咱们还是看看砒砂岩的真面目。下面这张照片就是裸露砒砂岩的真面目(见图 1-7)。

图 1-7　裸露砒砂岩

怎么样？看到它是不是会有些垂涎欲滴:好大的一块五花肉!

没错,在砒砂岩地区,当地百姓确实形象地称它为五花肉。根据调查,砒砂岩颜色也有很多种,包括灰黄色、灰白色、紫红色、灰色、灰紫色、紫红色,等等。其中紫红色的泥岩、泥砂岩颜色同羊肝十分相似,所以当地人又称其为“羊肝石”。

第五节　康熙与砒砂岩

一看到这样的题目，你肯定要问，难道说康熙大帝与砒砂岩还有什么渊源吗？当然有了。让我们慢慢说给你听。

如果单纯从砒砂岩的景色来看，它绝对是地球上的一个奇葩，是大自然的神来之笔。如果不是亲自来到这个地区，见到这种奇特的地貌，你很难想象得出它到底有多美。

在准格尔旗的砒砂岩地区，有一个据说投资近4亿元建的砒砂岩地质公园。几年前的一个下午，一批专家来到此地参观，忽然遇到一场大雨。然而大雨过后，很快就雨过天晴，快要落山的夕阳忽然从云层后钻了出来，瞬间投射出万道金光，恰好照在被雨水冲刷过的砒砂岩裸露的表层。

一众专家惊呆了，顾不上已经安排好的行程，纷纷拿出相机，拍摄眼前难得一见的绝世美景。

据当地人介绍，当天的美景真是无与伦比，很多当地人都没见过。因为刚好下过大雨，雨水将平时覆盖在砒砂岩表层的尘土冲刷得干干净净，加上即将落山的夕阳忽然间投射的万道金光，照射着五花肉一样的砒砂岩，那景色真是让一众行人终身难忘！企业家们下决心建那个砒砂岩地质公园，也或许与这次美丽的邂逅有关。

从景观来说，砒砂岩确实是一道美景，这美景曾经被著名的康熙大帝尽收眼底，不仅砒砂岩从此多了一个美丽的名字，历史还从此多了一桩公案，留下一段佳话。

在内蒙古准格尔旗龙口镇，有一个村子名叫大口村，因其隔河与山西的河曲县、陕西的府谷县毗邻，故有“鸡鸣三省”之称。虽然这是个普通得很多人都从来没听说过的村子，但是在一件很著名的历史事件中，它留下了浓重的一笔。

这个“鸡鸣三省”的大口村有一座寺庙叫护宁寺（见图 1-8），这座寺庙就建在砒砂岩旁边。护宁寺原来叫作关帝庙，始建于康熙四十八年。我们现在看到的寺庙是在 2009 年重新修建的。这里每年农历五月十三举行传统的古庙会。护宁寺的前面就是黄河，越过黄河就是山西。

图 1-8　大口村护宁寺

在这个护宁寺的院内，有一个被破坏掉的石碑立在墙边，从残存的寥寥碑文可以判断出，这个寺院跟康熙的确有一定的关系。在该寺院重修的碑记中可以看到，该寺院是在康熙的准令下重新修建的，为了永镇大口的山川，修建了关帝庙，也就是今天的护宁寺。

据当地人介绍，就是在大口村，康熙大帝曾经和一位和尚有过一次彻夜长谈。这个和尚是准格尔旗人，史载名为石花和尚。石花和尚住的庙建在一个叫作梁龙头的山脊上。据说因为美味的黄河鲤鱼，康熙决定留下，之后又误打误撞地来到石花和尚的小庙里。

在康熙来到小庙之前，他在当地巡视的时候，忽然发现：眼前的山高百余仞，临河而立，迤逦绵亘，群峰争峙，山石皆为红白相间，五色争艳，皓面凝脂，灿若莲花，蓬蓬勃发。

正是在看到从来没见过的景象时，康熙发现了一个庙宇坐落在这个他认为的风水宝地的山顶之上。他便问身边的人，这座山叫什么名字，可是他身边的人没人知道。这让康熙多少有些失望。

于是一行人陪着康熙沿着蜿蜒曲折的小路一路走到山顶，见到了石花和尚。然而让康熙不能接受的是，这个和尚也不知道这座山的名字。

但是，那一晚，康熙吃到了石花和尚为他精心制作的黄河大鲤鱼后，龙心大悦，竟然与石花和尚在这个破庙里秉烛夜谈。

第二天，当康熙走出小庙的时候，他不仅对石花和尚进行了赏赐，而且给一直耿耿于怀的无名山起了一个优美的名字——莲花辿！

之后的事情，很多人都知道了，康熙大帝御驾亲征，平息噶尔丹叛乱。

第六节　砒砂岩属于丹霞地貌吗?

当然,也有不少首次来到砒砂岩地区的人,会把这种五花肉一样的地貌认作是有名的丹霞地貌。

下面的图 1–9 是甘肃张掖的丹霞地貌风景照片,单从岩石的纹理来看,它跟砒砂岩在外表上还真的有几份神似。

图 1–9　张掖丹霞地貌风

再看下面图 1–10 中的两张照片，就能够看出丹霞地貌跟砒砂岩从外观上的一些差别了。相比砒砂岩来说,它的美更直接,也更艳丽。

图 1–10　丹霞景观

根据专家们研究，丹霞地貌形成的物质基础是红色的陆相碎屑石，包括砂岩、砂砾岩、砾岩等,和砒砂岩的成分是不一样的。丹霞地貌的红色是相对的,也会夹杂着褐、紫、橙、褐黄、灰紫、白、灰、绿、黄、黑等颜色，但总体上看上去仍是以红色为主。

干旱区的丹霞地貌形态有“顶平、身陡、麓缓”的特点。

根据地质勘探的结果,丹霞地貌由产状水平或平缓的层状铁钙质混合不均匀胶结而成的红色碎屑岩,在差异化、重力崩塌、流水溶蚀、风力侵蚀等综合作用下形成的有陡崖的城堡状、宝塔状、针状、柱状、棒状、房山状或者峰林状的地貌特征。

从地质年代来讲,丹霞地貌发育始于第三纪晚期的喜马拉雅造山运动,丹霞地貌里的红层形成于中生代侏罗纪和新生代第四纪沉积形成的红色砂砾岩。相对来说,丹霞要比砒砂岩形成的年代晚。

下面的图 1–11 就说明了丹霞地貌形成的历史和原因。

丹霞地貌属于陆相物质，这些物质主要是在内陆河湖盆地沉积而成。当河湖干枯后,这些沉积物遭受风吹日晒、水冲雨淋,就逐渐形成了丹霞地貌。

从2006年开始，我国开始了对丹霞地貌申请世界遗产的工作，经过努力，2010年7月的第34届世界遗产大会通过表决，8月1日经联合国教科文组织世界遗产委员会批准，“中国丹霞”被正式列入《世界遗产名录》。

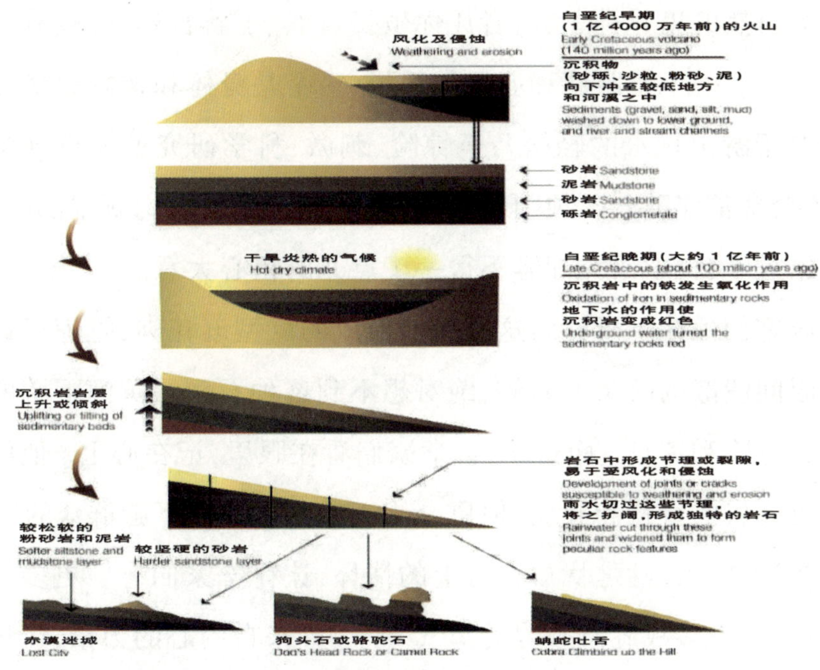

图1-11 丹霞地貌形成过程示意图

此次列入世界遗产名录的“中国丹霞”包括了6个地方：分别是贵州赤水、福建泰宁、湖南崀山、广东丹霞山、江西龙虎山和浙江江郎山，这几个地区都位于中国南部及东南部，这些地区湿润且临水，和砒砂岩所处的气候环境是不同的。

此外，丹霞地貌在美国西部、中欧和澳大利亚等地均有，尤以中国分布最为广泛，遍布热带、亚热带湿润区，温带湿润-半湿润区、半干旱-干旱区和青藏高原高寒区，不像砒砂岩仅分布在我国晋、陕、蒙地区。

因此，砒砂岩和丹霞地貌二者形成的年代不同，组成物质有别，成因有异，外形也不一样。

对于砒砂岩和丹霞地貌来说，虽然二者都属于地球的神来之作，但是对于黄河的岁岁安澜和黄河下游的老百姓来说，对砒砂岩的关注意义似乎更大一些。

游山玩水和科学研究最大的区别是，前者让你热爱自然、亲近自然，震惊于大自然的鬼斧神工，后者让你敬畏自然、了解自然，寻找着大自然的神奇密码。一个是眼睛和心灵的愉悦，一个是身体和智慧的交融。

相对于游山玩水的轻松乃至惊险、刺激，科学研究就显得既紧张又苦累，还会常常伴随着孤独、寂寞。同样是拿着相机，游山玩水的时候，错过了就错过了，科学研究却容不得一丁点儿的粗心大意。

当游客们惊诧于砒砂岩这种天然形成的巨型五花肉，吃惊于这种遇水就转眼间溃散的石头的时候，绝对想不到这种石头给黄河下游的老百姓带来的危险和灾难。而这些，科学家们看在眼里，记在心上。他们也会惊诧于砒砂岩的奇特和壮美，但更会忧心忡忡于黄河下游群众的安危。

正是这种将百姓之忧放在心上的情怀，让科学家们有了更多前进的动力，也有了更多战胜砒砂岩的勇气。是一种来自内心的力量，让科学家们在渺无人烟的黄土高原重复着日复一日的工作；是一种对科学的执着和追求，让科学家们放下亲人和朋友，在一个连吃饭和睡觉都难以满足的地方一沉就是数年。

娱乐明星们在闪光灯下的耀眼是暂时的，有些明星不制造绯闻是难以长时间活跃在我们视野里的。但是科学家不是，他们常年埋头于实验室、行走在野外，不是整天不见阳光就是整天风刮日晒。有时候，为了科学试验，不仅吃不好，也经常会睡不好。

然而，这就是科学家的生活。

我们常常难忘一些杰出的人物，并对他们的生活点滴记忆犹新，对他们事迹讲述乐此不疲。但是，我们也不能忘记，在这个社会上，还有这样一群人，他们为了我们的生活更美好，牺牲着自己，奉献着社会。

是他们撑起了我们这个社会科学发展最坚实的脊梁，他们也是支撑我们走向美好生活最真实的保障！

是他们，找到了础砂岩的藏身之地，圈定了础砂岩地区的大小，破解了础砂岩的特征，为改变础砂岩面貌、治理黄河奉献出了科学智慧。详细内容，且听下文分解。

第二章 砒砂岩在哪里？面积有多大？

第一节 砒砂岩分布范围及类型

说起砒砂岩，想起开封的“地上悬河”，黄河粗泥沙从砒砂岩地区一路奔波而来，让开封这个创造了一个又一个文明时代的城市一次又一次地被冲毁淤埋，水退之后，一粒粒的粗泥沙伴着黄土，将这里的繁华掩埋在了地下。

那么，这个集中产生粗泥沙的砒砂岩分布区域到底有多大，竟然产生这么多的粗泥沙，让中华民族对这黄河爱恨交织、恋舍难断了几千年。它的面积有没有一个精准的数据呢？

想必这个问题是读者朋友们最关心的问题之一。对这个问题最感兴趣的恐怕还是研究砒砂岩的专家们，当然还有当地对治理砒砂岩负有责任的水土保持、生态保护的政府管理者。

最近的一二十年以来，相关专家们就这个问题开展了大量的科学考察、探索和研究工作。

黄土高原特别是这个砒砂岩区，到如今有的地方已经无人居住了，原来的很多牧民和农民都已经在政府组织下搬走了，剩下一些还没有完全消失的破败村庄的残垣断壁(见图 2-1)。走在这些破败的村庄里，看着留存的一些锅台、瓦块，也能想象得出当年生活在砒砂岩地区的那些村民的生活是何等艰辛。

图 2-1　迁居后留下的残垣断壁

如今，这些村民集中搬迁到镇上后，逐渐形成了一个个新的居民区。很多居民尽管已经不在砒砂岩区生活了，不过，很多砒砂岩区的山沟沟还属于某一户农民，但他们很少到自己的山沟沟里去。可是研究人员和专家们为了弄清砒砂岩的来龙去脉，就必须到山沟沟里去。

与此再次形成对比的是，农民很清楚自己山沟沟里有多大面积，甚至有多少棵树，专家们却在一段较长的时间里，对砒砂岩分布区域没有一个统一的说法，其中产生的数据差距非常大。

对于研究砒砂岩来说，如果不能确切地知道它的面积，对砒砂岩的整体治理效果必将产生重大的影响，特别是对砒砂岩地区治理的决策会产生非常多的不确定性。

在看到这个严重而迫切的情况之后,国家和当地政府启动了对砒砂岩地区范围的确定工作。

对砒砂岩而言,但凡了解一些情况的人都知道,它大致分布在山西、陕西和内蒙古的交界地带,这个地方是砒砂岩的重点分布区,也是砒砂岩分布的中心区和砒砂岩治理的核心区。

对于这个区域的面积大小和分布范围,之前有好几个数据,不统一。例如,有的认为砒砂岩分布在山西、陕西和内蒙古三省接壤区,面积为1.17万平方千米,同时将砒砂岩分布区划分为裸露区、覆土区、覆沙区3个亚区,其中裸露区面积6300平方千米,覆沙区面积2600平方千米,覆土区面积3100平方千米。

而有的专家认为,砒砂岩主要分布在伊克昭盟,总面积大约为2万平方千米,其中严重裸露区面积约1万平方千米。

此外,还有的认为,在黄河7.86万平方千米的多沙粗沙区中大约分布有7500平方千米以砒砂岩为主的易侵蚀岩亚区。

等等,不一一列举了。

从上述数据不难看出,这中间的差距还是比较大的。面对越来越严重的砒砂岩区水土流失和不断恶化的生态环境,准确划分砒砂岩区的范围和类型对全面治理砒砂岩区水土流失极为重要,同时可为集中快速治理黄河粗泥沙来源区提供科学依据。

近年来,国家又组织专家专门开展砒砂岩的分布范围、面积及类型的科学调查与分析工作。

调查的范围涉及陕西的佳县、神木县、府谷县、榆阳区,内蒙古的伊金霍洛旗、东胜区、达拉特旗、准格尔旗、清水河县,山西的偏关县、五寨县、岢岚县、保德县、河曲县等。同时还重点解剖了很多个面积在100平方千米以下的典型小流域。

通过这次调查研究，专家们再次确认了砒砂岩的形成主要经过4个地质年代的洗礼，分别是二叠纪、三叠纪、侏罗纪和白垩纪。经过这4个地质时代洗礼的砒砂岩，到如今分布在不同的区域，同时也呈现了不同的面貌特征。

根据研究结果，二叠纪的砒砂岩主要分布在陕西省府谷县至内蒙古准格尔旗薛家湾一带，而砒砂岩的大面积出露则主要在十里长川，以及黄甫川、清水川的下游流域沟道内。另外，在内蒙古清水河县、山西省河曲县境内也有少量出露(见图 2-2)。

图 2-2 河曲县砒砂岩

这个区域的砒砂岩地貌多为黄土梁峁，沟谷切割较深，坡度较陡。砒砂岩在山坡的坡面上广泛出露，颜色以紫红色、灰白色为主，风化剥蚀严重。

在这个地区，深达三四十米的深沟是常见的，并且这个地方的砒砂岩岩壁一般都比较陡峭。

三叠纪砒砂岩分布在纳林川两岸、暖水川及清水川的上游右岸地区和窟野河下游、孤山川下游一带，在山西省保德县境内也能够看到一些砒砂岩。从直观上看，这个地区的砒砂岩主要表现为低山、梁峁丘陵。

三叠纪砒砂岩分布区的显著特征是沟壑纵横，除了有少数山坡的坡面上覆有薄层黄土,其他地方坡面和沟坡的础砂岩均完全露了出来。如果在其他地区,如此的沟壑纵横绝对是风景秀丽之地,然而,由于这个地方是础砂岩的“统治地区”,所以这里的植被覆盖率相当低。这个地区的础砂岩岩性为泥岩、泥质砂岩及砂岩,胶结疏松,颜色有棕红色、灰白色、黄绿色,风化剥蚀严重。

侏罗纪础砂岩同样存在植被覆盖率低的共性特征,它主要分布在暖水川与乌兰木伦河流域之间,北到东胜-敖包梁以北,南到大柳塔-孤山川下游。直观的感受就是这些地方主要以低山、丘陵状梁峁塬区存在,在最上层覆有很薄的黄土, 而在坡面上和沟坡里础砂岩则完全露了出来。这个地区风化剥蚀非常严重,础砂岩的岩性主要为泥岩、砂砾岩、页岩及长石砂岩,岩层之间胶结非常疏松,常见的础砂岩颜色主要有紫红色、灰白色和姜黄色。

白垩纪础砂岩是所有类型础砂岩中分布范围最广的一种,涉及的区域有乌兰木伦河以西的伊金霍洛旗境内、东胜区、达拉特旗绝大部分地区,以及杭锦旗东北部、准格尔旗北部地区。这个地区的础砂岩主要表现为岗状丘陵、波状高平原区,在达拉特旗境内多为裸露的岗状丘陵。这个区域的础砂岩植被覆盖度也同样低, 尽管其上覆盖有薄层的黄土或浮沙,但是,础砂岩露出的面积还是比较大的。

然而,在伊金霍洛旗和东胜区,白垩纪础砂岩直观感受多表现为波状高平原区,这个地区风化剥蚀也很严重,在冲沟或建设工程剥露地表处可以见到出露的础砂岩。白垩纪础砂岩的岩性为砾岩、砂岩及泥岩,大型交错层理发育,颜色多呈杂色,有棕红色、紫红色、黄绿色、白色、灰色和灰白色。

在伊金霍洛旗和东胜区的础砂岩,与上述几个地区的础砂岩最大的区别就是地表植被较好, 因为这个地方的础砂岩上面覆盖有很厚的黄土。也只有到了这个地方，才能看到在其他地方很少见到的一些集中乔木林。如果能够积聚一些雨水，黄土层又比较厚，这些地方的高大乔木还是相对较多的。特别是在一些人工规划的地方，一些白杨树就跟《白杨礼赞》里描述的一模一样（见图 2-3）。

图 2-3 画家樊大牛笔下的白杨

图 2-3 是画家樊大牛的一幅中国画，名字就是《白杨礼赞》，画中的白杨和茅盾笔下的白杨树长势一样。在水源比较充足的中原地区，杨树高大的主干上根本没有这么多的枝杈，而这里白杨树有如此长势，据说跟当地气候有很大关系。如果你在砒砂岩区能看到杨树，你会发现，不论是白杨还是其他的杨树，均是如此长势。说实在的，这样少雨、多风的地区，能够存活一些乔木已属不错了。

在从地质学的角度对砒砂岩进行分类之后，专家们并没有满足，因为对于砒砂岩来说，终极目标是对这种特殊的地质产物进行治理，尽量利用科学的手段，把他们控制在能够掌握的范围内。

因此，专家们继续对础砂岩的区域进行划分，这次划分的标准是将础砂岩在地表已经露出来，并且造成了水土流失危害，或者还没造成水土流失危害但是有可能造成水土流失危害的地区界定为础砂岩区。

有了这个标准，本着更好治理础砂岩的原则和解决黄河粗泥沙问题的终极目标，专家们在 20 世纪末，利用卫星照片又进一步对晋陕蒙接壤区础砂岩范围进行了界定和类型区划分，按照地表覆盖物的不同将础砂岩划分为裸露础砂岩区、覆土础砂岩区和覆沙础砂岩区。

裸露础砂岩区的础砂岩能够直接在地表被看到，在上面没有黄土、没有风沙土覆盖，或者仅有 0.1~1.5 米的极薄土沙覆盖。这类础砂岩的露出面积占到了总面积的 70%，凡是达到这个标准的都属于裸露础砂岩区（见图 2-4）。

图 2-4　裸露础砂岩

裸露础砂岩一般属于岗状丘陵，地形破碎，千沟万壑，每平方千米的沟道长度就达到 5~7 千米长。这类础砂岩植被相当少，能看到大面积的岩石，被专家们形象地称为“无衣无帽，础砂岩裸奔”。

裸露础砂岩区主要以水蚀为主，复合侵蚀也很严重，侵蚀的模数达到了每年每平方千米 2 万多吨，甚至更高。这里的砒砂岩不仅出现在沟底，甚至在沟坡上都能被看到。

裸露砒砂岩一般是由砾岩、砂岩和泥岩交错构成，颜色也相当的乱，有棕红色、紫红色、黄绿色、白色和灰白色不等。

覆土砒砂岩一般掩盖在黄土的下面，砒砂岩多呈现出凹凸不平的古老地形，一般呈现波状面(见图 2–5)。因此，这个地方的砒砂岩在沟谷表现出一种“黄土戴帽，砒砂岩穿裙”的特殊景观。也就是说，如果你站在沟底，向上首先能够看到各种颜色的砒砂岩，再向上看就是几米到几十米不等的黄土层。

图 2–5 *覆土砒砂岩*

凡是一个区域有上覆黄土砒砂岩分布且砒砂岩出露面积超过该区域总面积的 30%以上，就属于覆土砒砂岩。在这个区域，土壤的侵蚀类型主要为水蚀，同时还交替发生着风蚀和重力侵蚀。土壤侵蚀模数大约是每年每平方千米流走上万吨的土壤等地表物质，沟道也很多，每平方千米的沟道长度在 3~6 千米。

在覆土砒砂岩区，有一些耕地，植被的覆盖率也能够达到 20%左右。

这些地区的砒砂岩主要是砂岩和泥岩，颜色一般为紫红色、黄绿色和灰白色。由于侵蚀依旧相当严重，所以很多地方呈现出切割很深的V字形沟道，并且大都非常陡，坡度达到35度以上。

覆沙砒砂岩跟覆土砒砂岩在划分标准上是一样的，只要有上覆风沙的砒砂岩分布且砒砂岩出露面积达到总面积的30%以上的，均划分为覆沙砒砂岩区。这些区域被形象地称为“风沙戴帽，砒砂岩穿裙”。从这句话可以看出，风沙覆盖是该地区的显著特征，砒砂岩上面一般覆盖有风沙地貌、沙丘以及10~30米不等的风沙层，因此地表的沙化非常严重。

这个区域侵蚀以风蚀为主，土壤侵蚀模数为每年每平方千米流失近万吨，每平方千米的沟道长度在1~3千米。与前两种砒砂岩区不同的是，这个地区地表黄土覆盖非常薄，地表很难看到水系存在。

在覆沙砒砂岩区，砒砂岩颜色主要呈现出紫红色、灰白色和姜黄色，主要由泥岩、含砾砂岩、页岩及长石砂岩构成，如此多的类型，当然他们之间的胶结相当疏松，风化剥蚀相当严重。

通过这些大量的调查分析，得出了目前被大多数专家认可的数据，即砒砂岩区分布总面积约为1.67万平方千米，仅仅约占黄河流域面积的2%多点。

但是，你可不要小看这个2%，它每年产生的粗泥沙量竟然占到黄河下游河道多年平均淤积量的1/4，对黄河下游河道的危害太大了。显然，重点治理砒砂岩区对于黄河治理、遏制地上悬河发展具有重要意义。

砒砂岩分布范围见图2–6。

从图2–6可以看出，砒砂岩区集中分布在内蒙古自治区鄂尔多斯市的东胜区、准格尔旗、伊金霍洛旗、达拉特旗、杭锦旗，在陕西省的神木、府谷两县，山西省的河曲、保德两县，内蒙古的清水河县有零星分布；分布范围东至黄河，西达杭锦旗境内的毛布拉孔兑(孔兑是蒙语，指洪水沟)，从

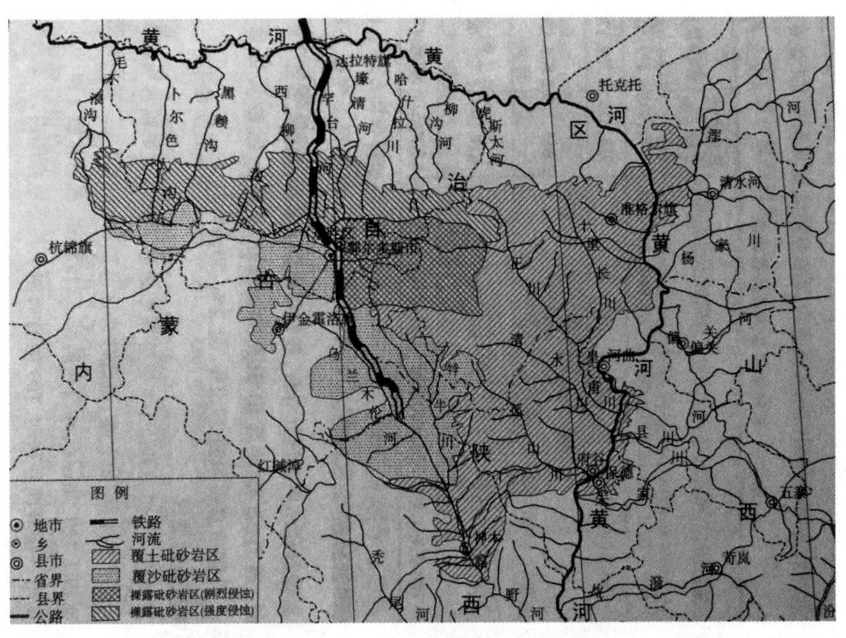

图 2-6　砒砂岩分布区域

西北向东南沿毛乌素沙地西北缘分布，南抵陕西省神木县城，北到库布齐沙漠南缘，介于北纬 38°10′~40°10′、东经 108°45′~111°31′之间，大致分布在由杭锦旗、清水河县、神木县城三点组成的三角形区域内。

以内蒙古自治区准格尔旗分布的砒砂岩面积最大，其次为陕西省府谷县，在山西省境内分布最少，仅在河曲县和保德县有零星分布。砒砂岩裸露区分布面积最大的县是达拉特旗和准格尔旗，但砒砂岩裸露最严重、侵蚀最剧烈(即剧烈侵蚀裸露区)的旗(县)是鄂尔多斯市准格尔旗和东胜区。砒砂岩覆沙区面积最大的县是伊金霍洛旗、神木县、东胜区。覆土区面积最大的旗(县)是准格尔旗和府谷县。

另外，砒砂岩在各主要直接进入黄河的各支流分布面积，以窟野河和皇甫川面积最大，其次为孤山川、清水川、浑河。皇甫川、孤山川、清水川几乎全流域都分布在砒砂岩区，窟野河在神木以上基本全部分布在砒砂岩区，另外，还有约 1/3 面积的砒砂岩分布在内蒙古十大孔兑及其他直接进入黄河的支沟。

第二节　砒砂岩的岩石、化学特征

摸清了砒砂岩的分布及面积，我们就要对这种特殊的地质进行详细的了解了。就像相亲一样，既然已经从大老远的地方来了，并且也找到门户了，就该走到屋子里，看看这个姑娘到底长什么样子，漂不漂亮，个头高不高，皮肤白不白，走路好不好看，如此多的好奇加期盼就不一而足了。

可是，科学家们对砒砂岩的了解远比上面说的相个亲仔细，他们虽然已经弄清了砒砂岩的分布区域，各区域的砒砂岩水土流失、植被覆盖、颜色等基本特征，还得弄清楚砒砂岩为什么会有如此特征，并且像相对象一样，不仅要了解这个姑娘为什么长得这么好看，还得看她的父母与她的长相有多大的联系，她今天的落落大方有多少先天的和后天的因素，等等。

如果你是第一次见到砒砂岩这种特殊的岩石，往往会猜想，到底是什么神奇的力量让它具有如此独一无二的特性。

我们敢说，当你第一次看到这种遇水瞬间即碎的岩石时候，一定会被深深地震撼:大千世界真是无奇不有啊!

那么,除了地球神奇的力量能形成这种独一无二的岩石地貌,还有什么神奇的力量能让这种平时坚如磐石的岩石遇到水就崩溃于眼前?

或许你会猜想,最大可能性就是这种岩石中一定有一种遇到水瞬间膨胀的物质,有可能是无机物,也可能是有机物,而这种物质可能平时还承担着将砒砂岩的主要成分粗颗粒和细颗粒胶结在一起的功能,其牢固程度估计是超过了我们平时最常见的502、万能胶之类的粘接剂。

你甚至也可能会异想天开地认为,如果能够将这种物质提取出来,并且复制成一种特殊的物质,兴许还能够产生一种新的材料,形成一个新的产业。这种材料能够应用到我们生活的很多方面。你想啊,它遇水能够将砒砂岩瞬间拆解,膨胀的性能该有多强啊。

嘿嘿,赶紧刹车,咱还是赶快说说专家们都发现了砒砂岩中到底包含哪些物质吧。

专家们对砒砂岩区的组成已经作了科学测验。

专家们通过多年的研究认识到,构成砒砂岩的主要成分有石英、蒙脱石、钾长石和方解石,其他的成分含量就比较低了。

在砒砂岩的各种岩石成分中,石英的含量多在50%以下,说明砒砂岩的成岩度是很低的。

说到这里,咱卖卖关子,先说说石英到底是一种什么样的岩石吧。

下面这两个图片中的岩石就是石英。第一个图片中的石英是中国地质博物馆的藏品,第二个是一种常见的透明石英(见图2-7、图2-8)。

尽管石英的种类很多,而主要成分都是二氧化硅,是一种物理性质和化学性质都十分稳定的矿产资源,是地球表面分布最广的矿物之一,在玻璃、铸造、陶瓷、冶金、建筑、化工、塑料、橡胶、涂料、磨料乃至航空航天、珠宝等产业都有广泛的应用。我们常见的沙子的主要成分之一就是石英。

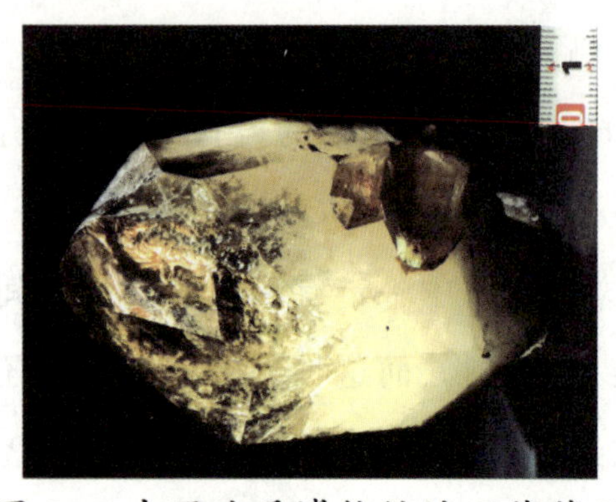
图 2-7 中国地质博物馆的石英藏品

图 2-8 常见石英

石英是一种很稳定的矿物质，几乎不发生化学溶解反应，只发生机械磨蚀现象，抵抗风化的能力较强，因而，石英不是引起砒砂岩一遇水就崩解的原因。

科学家们发现，砒砂岩中蒙脱石的含量在25%以下，没有石英的含量高。但是你不能小看这个蒙脱石，它可是造成砒砂岩遇水极易分解的家伙。

咱先看看蒙脱石长什么样子。下面的图片就是蒙脱石的照片(见图2-9)，咱们常见的蒙脱石多属于钙基蒙脱石。

图 2-9 蒙脱石

我国关于蒙脱石的定义有两种，一种是非金属矿业行业的蒙脱石，主要从膨润土中提纯而得，另一种就是医药化妆品行业的蒙脱石，其概念接近于科研领域对蒙脱石的界定，是真正意义上的蒙脱石。

蒙脱石主要由基性火成岩在碱性环境中风化而成，也有的是海底沉积的火山灰分解后的产物。蒙脱石为膨润土的主要成分。膨润土在我国产地很多，如辽宁、黑龙江、吉林、河北、河南、浙江等地都有产出。我国具工业价值的蒙脱石矿床多产于中生代火山岩系中。钙基蒙脱石就是主要成分为钙的蒙脱石。吸水性很强，加水膨胀是蒙脱石的主要特征之一。

因此，蒙脱石一遇水就膨胀，一膨胀就会使砒砂岩岩体中的孔隙关闭，气体压力增大，从而导致岩体微结构的破坏。所以说，蒙脱石才是使砒砂岩遇水易分解的罪魁祸首之一。

说到这里，似乎我们之前的猜想还有点上路，是不是有点小骄傲呢？

科学家们还发现，不同样品的砒砂岩所含的方解石含量差别很大，含量最少的不足1%，最多的达到1/5。方解石的化学性质也是比较活泼的，在风的长期作用下容易风化成碎小颗粒，同时很容易与水中的二氧化碳发生化学反应，生成容易溶解于水的一种复杂化学物质。你看到下面这两个图（见图2–10，图2–11），是不是有点心动了呢？

它们就叫作方解石。方解石是一种碳酸钙矿物，天然碳酸钙中最常见的就是它。方解石在自然界分布很广，呈现出多种形态和丰富多彩的晶体。常见的方解石形状可以是一簇簇的，也可以是粒状、块状、纤维状、钟乳状、土状，等等。李时珍在《本草纲目》中记载方解石“其似硬石膏成块，击之块块方解，墙壁光明者，名方解石也”。

方解石的化学组成中氧化钙（用字母表示就是：CaO）占一半以上，二氧化碳（CO_2）占到四成以上，其他含的是锰（Mn）和铁（Fe），有时含的还有锶（Sr）。

图 2-10 方解石晶体

岩洞中的钟乳石、石笋等其实就是方解石构成的。

方解石除了会风化外,见水后生成的新的化学物质也会使岩体结构遭受破坏。所以说,方解石也是导致砒砂岩容易遭受水力、风力侵蚀的主要罪魁祸首之一。

当然了,在方解石种类中,还有一种人见人爱的东西——宝石。在中国地质博物馆珍藏有两块世界最大的方解石宝石,由贵州省贵阳市徐氏珠宝制作室研琢并捐赠。其中一块宝石为浅黄色、翻光面葡萄牙式琢型方解石宝石(见图 2-10),重 172.5 克拉;另一块为金黄褐色、密切尔六角型方解石宝石,重 84 克拉。这两块宝石的重量都超过了珍藏在美国斯密逊博物馆的 75.8 克拉的金黄褐色阶梯琢型的翻光面方解石宝石。有一点得说明,砒砂岩中的方解石可不是这样的宝石。

砒砂岩中还含有分别叫作斜长石、钾长石的两种岩石,它们被统称为长石。砒砂岩中长石的含量可以达到三成以上,含量最高时甚至占到一半。长石的性格很活泼,也是一种不稳定的矿物,较易发生风化,致使岩石结构被破坏，其抗侵蚀能力减弱。而且，长石主要的风化物高岭石往往呈粉末状，抵抗侵蚀能力最差。

图 2-11 贵阳宝石

咱们来说说长石的性质吧。

长石也叫长石族矿物，是钾、钠、钙等碱金属或碱土金属的铝硅酸盐矿物。其中的钾长石通常也称正长石。钾长石系列主要有正长石、斜长石、条纹长石等。下面图中的岩石就是钾长石（见图 2-12）。很眼熟吧，是不是经常会看到这种长相的石头？这种石头就叫作长石。

在我们的生活中，长石矿物约有百分之五六十用作了玻璃工业原料，有三成用在陶瓷工业中，其余用于化工、玻璃熔剂、陶瓷坯体配料、陶瓷釉料、搪瓷原料、磨料磨具、玻璃纤维、电焊条等其他行业。

钾长石主要用于玻璃、陶瓷，还可用于制取钾肥，质量较好的钾长石用于制造电视显像管玻壳等。钾长石矿是含钾量较高、分布最广、储量最大的非水溶性钾资源。

在我国，钾长石矿源达五六十个，其平均氧化钾含量约在 11%以上，其储量约达 79 亿多吨，按平均含量折算成氧化钾储量约为 9 亿多吨。安徽、内蒙古、新疆、四川、山西等省区的钾长石分布相对集中，储量丰富，成为当地的优势非金属矿产资源。

图 2-12　钾长石

通过上面的介绍可以看出，从岩石成分来说，砒砂岩中的蒙脱石、方解石和长石含量较高是砒砂岩抵抗侵蚀性能差的主要原因，因为这些岩石化学性质活跃、岩石结构不稳定，遇水易膨胀，从而导致砒砂岩中的空隙关闭增加气体压力等，也就是专家们所说的是砒砂岩容易被侵蚀的岩性机理所在。

岩石的关子卖完了，下面再来说说砒砂岩的化学组成成分。首先我们来看一张表(见表 1-1)，这张表是黄河水利科学研究院的专家采用一种叫作 ICP 电感耦合等离子发射光谱仪，对不同颜色的砒砂岩进行化学分析得出的结果。

我们来介绍一下这个分析结果。不论是哪种颜色的砒砂岩，二氧化硅(SiO_2)含量都是最高的，从专家所取的灰白、红白砒砂岩试样分析，其含量可以达到 50%以上。与此同时，也有专家对砒砂岩经过检测分析，发现其中二氧化硅含量甚至可以高达近 80%。

表 1-1　砒砂岩化学成分分析表

样品颜色及编号		砒砂岩化学成分含量(%)							
		SiO_2	Al_2O_3	MgO	CaO	Fe_2O_3	TiO_2	K_2O	Na_2O
灰白	*1	59.35	11.8	1.9	15.1	3.56	0.26	1.54	1.23
	*2	54.11	8.10	0.77	13.0	1.08	0.23	2.45	2.06
红白	*3	61.97	10.28	1.69	6.40	3.43	0.52	1.43	3.07
	*4	60.65	10.26	2.20	8.44	4.33	0.87	1.31	2.93
紫红	*5	65.42	11.87	1.70	2.60	2.72	0.38	2.98	2.23
	*6	63.17	11.99	1.38	5.92	2.79	0.34	1.55	3.34

通过上述成分的测定,我们终于可以看到砒砂岩“平时硬如磐石、遇水迅速崩散”的主要原因了。

学过化学的人都知道,二氧化硅(SiO_2)、三氧化二铝(Al_2O_3)、氧化镁(MgO)、二氧化钛(TiO_2)、三氧化二铁(Fe_2O_3)都不溶于水,也就是说它们遇到水不会发生化学反应,因此在砒砂岩遇水的过程中,它们保持着自身的性质“按兵不动”。

灰白色砒砂岩中氧化钙(CaO)含量最高,达到 10%以上;紫红色砒砂岩的氧化钾(K_2O)含量不高,只有 2%左右;三种颜色砒砂岩的氧化钠(Na_2O)基本上也均在这个含量上,特别是部分样本还测出含有少量二氧化硫(SO_2)和三氧化二磷(P_2O_3)。千万可别小看这几个含量并不多的成分,它们可是导致整个砒砂岩崩溃的主要因素。氧化钙、氧化钾、氧化钠、二氧化硫和三氧化二磷(CaO、K_2O、Na_2O、SO_2 和 P_2O_3)可没有上面的那几个氧化物那么“老实”,遇见水之后就好比遇见至亲,会迅速跟水发生化学反应。这样我们就不难看出来了,正是它们几种成分的存在,才导致砒砂岩遇水发生反应,破坏了砒砂岩的稳定结构,从坚硬的磐石迅速崩散以至成为泥浆。

遇到水之后,氧化钙会和水发生反应变成氢氧化钙;氧化钾和水反应变成氢氧化钾;氧化钠和水反应变成氢氧化钠;二氧化硫和水反应变成亚硫酸;三氧化二磷和水反应变成磷酸。就在这几种物质生成的同时,由于酸碱中和反应,碱性的氢氧化钙、氢氧化钾和氢氧化钠还会和亚硫酸、磷酸发生反应,生成亚硫酸钙、亚硫酸钾和亚硫酸钠以及磷酸钙、磷酸钾和磷酸钠,这些最终的产物有一个特性,都易溶于水。所以,经过一系列的反应之后,最终生成的产物不是维持砒砂岩的稳定,却是加剧了砒砂岩的不稳定性,从而形成了“由于内讧导致的岩石组织结构崩溃”。

这就是砒砂岩抗水侵蚀非常弱的重要化学原因之一。

专家们为了进一步了解砒砂岩与水的相互作用关系,还把砒砂岩样品浸泡在纯净水中,分别经过 1 个月、3 个月后,进行干燥,再对其矿物成分进行科学分析。

科学试验证明,砒砂岩中石英、斜长石、钾长石、蒙脱石和方解石等主要矿物成分的含量随着浸泡时间的增加, 都会发生不同程度的变化。总体来说,蒙脱石、方解石的成分有所增加,斜长石多有增加,而石英、钾长石的含量则有明显减少。由此说明砒砂岩在浸泡过程中存在着水与岩石复合作用关系,这些都是专家们所说的砒砂岩极易发生水力侵蚀的化学机理所在。

搞清楚了砒砂岩的分布状况、岩石成分及化学成分,就要看看砒砂岩的水土流失到底是如何发生的,有关内容且等下文再述。

第三章
砒砂岩是如何侵蚀的?

在前面我们已经介绍了砒砂岩的类型、侵蚀的岩性机理和化学机理,也讲述了砒砂岩侵蚀的严重性,并给出了详细的测量数据。

那么,砒砂岩地区的那些千沟万壑、支离破碎、剧烈侵蚀的惨况到底是如何发生的呢?

简单地说,这一惨烈状况是历史的长河对砒砂岩进行无情淘刷与洗礼的结果,是那狂风席卷着骤雨、裹挟着沙石、伴着洪流,经历着烈日烘烤与寒冬侵袭、白天与夜晚温度骤升骤降的轮回,你方唱罢我登场,多时空因素、多角色交互作用和纠缠,对砒砂岩轮番咬噬的结果。

用专家们的话说,就是在砒砂岩被水、风、冻融、重力等多因素共同作用下的结果。那么,这个过程是如何进行的呢?或者说侵蚀过程是什么样的?针对这个问题,我们下面接着进行探索。首先,咱们先看一张图片(见图 3-1),然后按图索骥,分析砒砂岩侵蚀的发生过程。

图 3-1 出自专家们的研究。这张图按泥沙产生的部位、方式、时序、动力和流程,给出了砒砂岩区完整的土壤侵蚀分类及其侵蚀过程的关联。

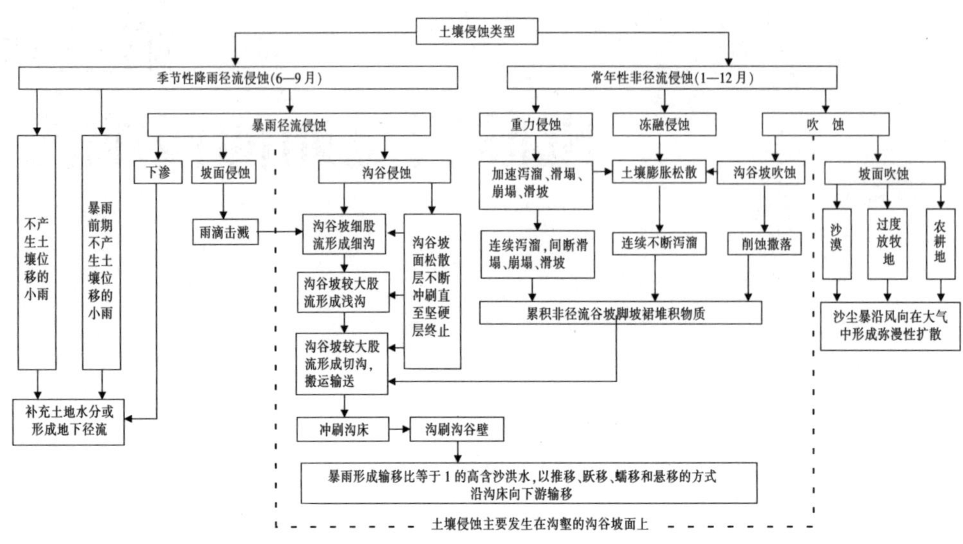

图 3-1　土壤侵蚀发生过程框图

从这张图中可以看到，按侵蚀发生时节及其侵蚀力划分，础砂岩地区的土壤侵蚀类型有两种，分别是季节性降雨径流侵蚀和常年性非径流侵蚀。

在础砂岩地区，每年的降雨集中在6月到9月，这个季节会有小雨也会有暴雨，或者说，在这3个月里，会有不产生土壤位移的小雨和直接产生径流侵蚀的暴雨。不产生土壤位移的也就是说不发生侵蚀的小雨能够对当地的土壤进行水分补给，同时形成地下径流。

而暴雨对础砂岩的侵蚀影响就严重了。尽管在暴雨中，也会有一部分暴雨直接渗透到地下，起到补给土壤水分和形成地下径流的作用，但是其主要还是对础砂岩进行冲刷侵蚀，特别是对础砂岩的山坡和沟谷坡形成侵蚀，其中山坡发生的侵蚀叫作坡面侵蚀。也就是说，暴雨来了之后，径流首先会侵蚀础砂岩的山坡，不论是黄土、黄沙还是础砂岩都一视同仁，全部冲到沟底（见图3-2）。同时，在暴雨过程中，大量的水还会对已经形成的沟坡进行洗刷，将毫无任何防护措施的础砂岩沟坡进行肆无忌惮的侵蚀，有时大块大块的础砂岩顷刻间就会倒落到沟底，甚至会把沟封死。

图 3-2 暴雨形成的高含沙水流造成的淤积

对此，我们可以想象一下，从天而降的暴雨，伴着隆隆的雷声和闪电，在这个缺水的地区倾盆而下，首先接触到暴雨的当然是砒砂岩的表层部位，这时候山坡的表层如果没有植被防护，或者即使有植被仍旧难以防护的情况下，雨水会伴着重力作用，将它所能冲走的东西一概不留。而对于沟坡来说，则同时承受两种冲刷，一种是从天而降的暴雨直接的冲刷，另一种就是从山顶部而来、混着泥沙的径流进行二次冲刷。循着上图沟谷侵蚀的步骤，如此天长日久，砒砂岩没有一面完整的坡面，山坡被冲得支离破碎(见图 3-3)。

图 3-3 砒砂岩被径流冲刷得没有一面完整坡面的山坡

第二种侵蚀是在全年发生的，但是集中在每年的10月到第二年的5月，长达8个月。这个季节的侵蚀原动力主要是重力、冻融和风吹(见图3-4)。这段时间以冻融侵蚀为主，冻融风化层平均厚度为2厘米，最大达30厘米。这个时期，由于风的吹蚀作用，致使砒砂岩地区的沟谷坡形成了大量的吹蚀物质，这些吹蚀物质和重力侵蚀、冻融侵蚀形成的砒砂岩分解物及黄土、黄沙等就会沿着沟顶、沟坡一直被送到沟谷里，不断累积起来，形成短距离的非径流沟谷坡裙堆积物质。一旦到了6月至9月，暴雨一来，就会将这些物质冲刷一空，形成了长距离的高含沙洪水，这些高含沙洪水就顺着干流最后被输送到黄河里！

图3-4 沟坡上发生冻融侵蚀现象

我们再来想象一下，在非暴雨时期，由于重力的作用，砒砂岩就很容易形成泻溜、滑塌、崩塌和滑坡等这些重力侵蚀现象。由于砒砂岩地区冬天的温度比较低，所以这里的砒砂岩就很容易上冻，而冬去春来，上冻的砒砂岩就会被融化。由于砒砂岩的不稳定性，特别是其组成成分的复杂性，各种不同物质的膨胀系数不同，在这一冻一融过程中，很容易造成土壤的膨胀松散，从而形成了连续不断的泻溜。

当然，由于砒砂岩地区处于鄂尔多斯高原，在蒙古冷空气南下路径上，全年平均风速大，春季大风日数多，引发风蚀的动力旺盛。砒砂岩这种看似外强实则中干的物质，特别是在植被覆盖度低的沙丘和覆沙地上，对风也没有什么防护措施，在一次次的风力作用下，风蚀就成为砒砂岩侵蚀的重要方式之一。这种侵蚀往往会造成砒砂岩裸露的地方发生剥落现象，这些剥落的砒砂岩块体就会由于重力的作用一点点地顺着沟坡滑落，也就是所说的泻溜、滑塌等。在砒砂岩的沟坡，经常会发生成片的已被剥落的砒砂岩"哗"地一声落下来，会让毫无防备的你吓一跳。

此外，在砒砂岩的坡面上，也常常会发生吹蚀。这些坡面被吹蚀后，有些会形成沙化，甚至长期遭受风蚀，会形成一些砒砂岩柱(见图 3-5)。同时，由于过度放牧和农耕地的存在，一旦大风起兮，不是云飞扬，而是形成让我们望而生畏的沙尘暴，在大气中弥漫性扩散，给当地群众的生活带来严重的影响！

图 3-5 风蚀形成的砒砂岩柱

另外，科学家们还发现，在内蒙古砒砂岩地区，侵蚀产沙还有一个重要的特点，就是水蚀和风蚀的交互作用。也就是说，在同一个空间内，风蚀和水蚀同时存在，或者在同一年内，砒砂岩地区会交替出现水蚀、风蚀和重力侵蚀过程。

说到这里,我们就不难想象到,这种被称为“地球生态癌症”的砒砂岩曾经经历了许多重大的自然力量的无情考验和冲击,在自身力量并不强大的情况下,一滴水、一缕阳光、一阵清风就能让它面临分崩离析的命运。

至此,对这张砒砂岩地区完整的土壤侵蚀分类系统图我们就粗略分析完毕了。

然而,科学研究从来都是不断前行的,诚如牛顿说的那样,后来者总是站在前人肩膀上不断前行的。为了对砒砂岩地区的侵蚀规律进行更加深入的研究,后来又有不少专家作了很多试验研究,发现砒砂岩在春季的时候,以风蚀为主,覆土砒砂岩粒径相对较小,受风力影响较大,侵蚀量较裸露砒砂岩要大;裸露的砒砂岩风化速率快,风化后的堆积物抗蚀性较黄土弱,因而裸露的砒砂岩易受水力侵蚀,在以水蚀为主的夏季,其侵蚀速度与程度是春季的5倍。

在砒砂岩地区,水力侵蚀和重力侵蚀主要体现在对沟坡的侵蚀上,其侵蚀规律呈现从坡顶向沟底逐步增强的趋势。

对于风蚀来说,其地位一般是排在水蚀和重力侵蚀之后,基本上属于砒砂岩侵蚀类型中的“三王子”。由于砒砂岩地区大风的来向是比较固定的,所以在砒砂岩的迎风坡以及迎风坡的两边,就形成砒砂岩的强风侵蚀区。相反,在背风坡或者相对较为平坦的地区形成了弱风区,在背风坡、洼地、各种沟道内往往是风沙堆积区。另外,在砒砂岩地区东西走向的高地貌之间也是强风蚀的地盘,除了南北两沙区以风蚀为主,绝大多数地区以水蚀和重力侵蚀交互作用为主。

研究发现,砒砂岩地区水蚀从南向北减弱,而风蚀恰好相反,从南向北增强。在以砒砂岩为典型代表的半干旱气候环境区,水蚀、重力侵蚀和风蚀的交替作用,是该地区水土流失最严重的一个主要原因,其结果就是在强烈切割的丘陵沟壑地形上,广泛分布成风床面形态的地貌景观。

请你跟随我们继续探索,来看看这多种侵蚀的力量是如何完败“平日里坚固如磐石”的砒砂岩的。

归纳以上所述,可以把砒砂岩的侵蚀过程分为两个步骤,一个是母岩的风化、堆积过程,另一个是降雨侵蚀及泥沙的搬运过程。

下面我们就按照庖丁解牛的方法,一点点地进入砒砂岩侵蚀过程的解说旅程之中。

在砒砂岩地区, 砒砂岩的母质岩石经常会经过热冷以及干湿的作用,在这个作用下,母质岩石就会产生风化,并且风化的速度特别快。在这个过程中,经过风化的砒砂岩就形成比较细碎的粉末顺着沟坡滑落到沟底或者滞留在山坡上。毫无疑问,滞留在山坡上的砒砂岩在风力及人、动物等的作用下就能滑落谷底, 其结果就是沟底的砒砂岩越来越多,而这些砒砂岩经过风化后,遇到水力作用,更容易被水分解成泥沙。这个步骤中,砒砂岩母质岩石在风化的作用下,分崩离析成岩石的碎屑,这些岩石碎屑无论是滞留在山坡上还是滑落到沟底,都成为雨季形成径流侵蚀夹带泥沙的源泉。

第二个步骤,正如我们前面讲的,到了每年的多雨季节,被风化的砒砂岩很快成了被侵蚀的对象。在水力和重力的双重作用下,经过风化的砒砂岩遭到严重侵蚀,侵蚀物质不断地被沟道水流带走,甚至有的时候,遭受风化的砒砂岩在外界稍有扰动的情况下, 即使没有水流的冲刷,也会哗哗地向沟下方滑落,沟坡可以不断地向后退,使沟道不断展宽。大量的遭受风化侵蚀下来的砒砂岩,堆积在沟道内,一旦有径流搬运,往往形成不断向下游输送的高含沙洪水。与此同时,风也没有闲着,它也在不断地搬运着泥沙来补充山坡的风沙堆积。这种通过风力、水力和重力相互作用形成的复合侵蚀,直接造成了黄河下游河道粗沙源源不断而来。

通过上述两个步骤，被侵蚀的砒砂岩又裸露出新的岩体，再次进入风化的进程中。于是对于砒砂岩来说，就形成了一个致命的“步步死亡轮回”：风化—水蚀—风化！如此循环（见图 3-6）。

图 3-6 青年专家考察水蚀、风蚀复合侵蚀作用下的砒砂岩地貌

通过这个步步死亡轮回，砒砂岩母质遭受了非常强烈的侵蚀，直接导致砒砂岩地区的土层越来越薄，土地的生产能力下降，更有甚者直接裸露出砒砂岩的母质岩石。由于母质岩石已经丧失了农业生产力，所以最后就演变成了更加严重的砒砂岩母质岩石的侵蚀，造成生态环境的极大恶化。

为了更科学地说明砒砂岩侵蚀的规律，科学家们进行了模拟计算，分析出了砒砂岩地区侵蚀产沙的一些特点。

经过计算，随着砒砂岩地区坡度的增加，经过人为扰动的坡地，由于土层变得较为疏松，因此风化的速度较大。这样的土层受到山坡径流影响较大，也就是说，在暴雨季受到冲刷的可能性较大。于是，在砒砂岩地区，坡地成为坡面侵蚀的重要来源，同时由于在山坡形成的水沙要流到沟底，所以这个过程也对沟坡的侵蚀产生重要的影响。一般情况下，在坡度较陡的区域，裸露的砒砂岩地区成为全流域最大的侵蚀产沙来源。

由于砒砂岩地区雨水的渗透力比较弱，同时由于植被较为稀疏导致径流冲刷力强，再加上砒砂岩地区坡陡沟深，砒砂岩遇水即粉碎成泥沙的特性，使得砒砂岩的径流量和产沙量都明显高于黄土地区。

砒砂岩有着“胎里带”的遇水易分散的先天不足，偏偏又出现在水蚀、风蚀和重力侵蚀交互作用的地区，而且这些侵蚀作用还在时间和空间分布上都呈现出强烈的交互性，真是多灾多难，又让人不得不佩服大自然的神妙安排。

最后，在进行系统的庖丁解牛般的分析后，我们得出了这样一个结论：砒砂岩地区多种侵蚀方式在空间上的复合作用，同时在时间上的交替作用，形成了多动力耦合作用下的复合侵蚀过程，加重了砒砂岩地区土壤侵蚀的程度，也延长了土壤侵蚀的时间，而这所有的因素加在一起，直接导致了侵蚀强度大、侵蚀物质中粗颗粒泥沙含量最高的结果。

通过我们的介绍，你就可以大致了解砒砂岩复杂的侵蚀过程了，今后如果有人再问你砒砂岩地区产生粗泥沙的过程和原因，你就可以如此这般地讲上一通了。

说到这里，不由得让人想起法国思想家帕斯尔卡尔的一段名言：人只不过是一根苇草，是自然界中最脆弱的东西，但他是一根能思想的苇草。用不着整个宇宙都拿起武器来才能毁灭他，一口气、一滴水就足以致他死命了……

而对于我们一直在讲并且将继续滔滔不绝讲下去的砒砂岩来说，似乎有着异曲同工之妙。正像我们前面比喻的，一滴水、一缕阳光、一阵风加上任何东西都无法逃避的力量，就将这种原本平淡无奇的岩石抛入一个无法逃避的生死轮回。

如果不是科学家们对砒砂岩进行系统的试验和科学研究，我们完全有理由相信这种外强中干、表面艳丽实则祸害的岩石会在一次次的暴雨之后慢慢消失殆尽。这样的直接后果将是黄河下游地区的河床一天天抬高，与之伴随的也将是下游群众那一颗颗悬起的心一天天地愈加惊恐。

摆在我们面前的就是自然的规律，试想，如果砒砂岩地区像之前一样长着郁郁葱葱的高大乔木，黄土也被满地覆盖的植被牢牢固住，每年的暴雨形成的径流要么被植被储存在树干和根系中，要么被渗入地下的径流中，这里的砒砂岩将会安静地在地下继续沉睡，兴许我们也无缘一睹这种表面艳丽无比实则祸害无穷的岩石。

然而，我们的活动打扰了它的安静，也改变了它的命运，当我们的生活逐渐改变了它的存在，它也用同样的方式来影响着我们的生活。

这种影响已经存在了很久很久，对于如今的我们，特别是治理黄河和保护生态的人来说，让这里重现青山碧水成为一个梦一样的目标。

古都开封经历了一次次黄河决口的泥沙掩埋，在今天，再也不能让这一情景重演了！今天的科学家们已经在砒砂岩的治理路上走出了坚实的步伐(见图 3-7)！

我们深深地知道，这是科学的喜悦，也是科学的希望！

图 3-7 专家们展开了治理砒砂岩的蓝图

第四章
砒砂岩生态恶化的后果有多严重？

第一节　治理水土流失的必要性

这里我们来讲讲砒砂岩地区生态系统恶化的后果。在这之前，我们先来了解一下黄河的泥沙问题到底是怎么一回事。

众所周知，黄土高原地区大部分都位于黄河流域的中段，这个地区生态环境退化，地形地貌复杂，水土流失非常严重。

据黄河水利委员会统计，在20世纪70年代以前，黄土高原地区输入黄河的泥沙量年均达16亿吨。如果把这16亿吨的泥沙堆成1米高、1米宽的土堤，可以绕着地球转27圈（见图4-1）。

这样巨大的泥沙量随洪水被输送到黄河里，使黄河成为世界上含沙量最高的河流。黄河的1方水中所含的泥沙量达到35千克，是长江含沙量的20多倍，但黄河的水量只有长江水量的1/20。特别是在大暴雨季节，黄河的一些支流会产生含沙量很高的洪水，有时1方水中含的泥沙量竟然达到上千千克，比1方水都重，这是何等骇人听闻啊！

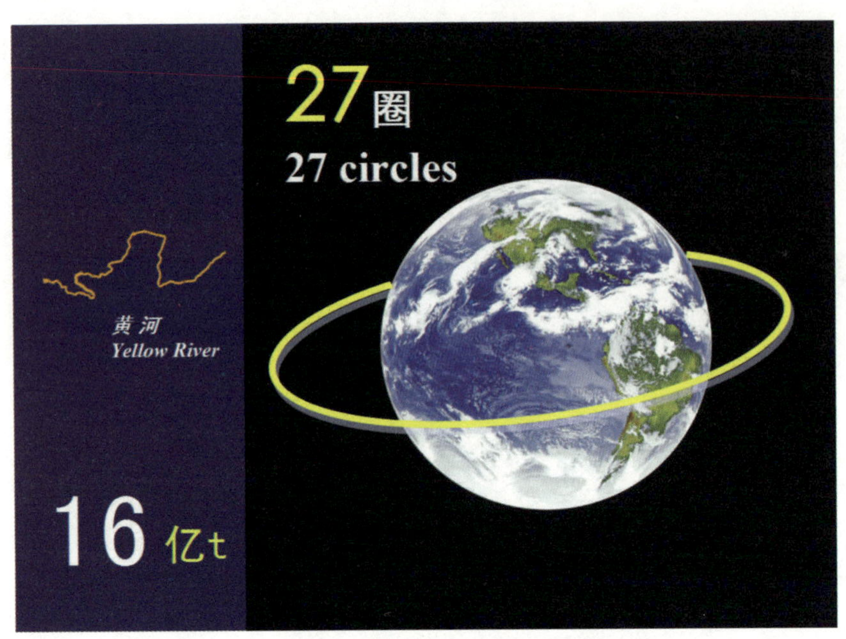

图 4-1　黄河每年泥沙量达 16 亿吨

黄河下游流经华北平原,流速减缓,泥沙大量淤积在河道中,造成黄河下游河道不断淤积抬高,形成"地上悬河",对黄河下游的防洪安全构成了严重威胁。为了保障防洪安全,使黄河下游两岸涉及的豫、鲁、皖、苏、冀五省 12 万平方千米土地、近亿人口免受洪水灾害,国家不得不几年就加高一次黄河大堤,与河道淤积赛跑,让国家投入了不知道多少的人力物力啊!

因此,解决黄河淤积问题业已显得非常重要和紧迫。多年的研究已经表明,黄河问题的实质是泥沙问题。经过大量的科学考察和实测数据分析,以我国泥沙专家钱宁院士(见图 4-2)为首的专家就认为:黄河下游淤积的泥沙主要是粒径大于 0.05 毫米的粗泥沙,这些粗泥沙主要集中来自黄河中游的一个粗泥沙产沙区,而且这个地区产沙量也是最多的,因此专家们把这个地区称为"多沙粗沙区"。这一多沙粗沙区主要分布在黄河干流河口镇到龙门区间大大小小的支流内,包括黄河中游的皇甫川、孤山川、窟野河、秃尾河、无定河和泾河等,面积大约 10 万平方千米。

图 4-2　泥沙专家钱宁院士(左)

1.67 万平方千米的砒砂岩区就在这个多沙粗沙区内，而且是这个区域的粗泥沙来源的核心区！

这让我们不由得感叹，我们可以无需知道在 0.05 毫米、10 万平方千米、1.67 万平方千米等几组数据背后，有着多少年的艰辛探索，有着怎样毋庸置疑的科学依据，但我们要知道，一大批倾心于黄河治理研究的专家为多沙粗沙区、砒砂岩区范围的圈定付出了多少艰辛，是他们的不懈追求和孜孜不倦的探索使黄河之害的起因终于得到了明确。

前面说过，你可别小看这 1.67 万平方千米的砒砂岩区，虽然面积只有黄河的 2%多点，其产生的粗泥沙却对黄河的危害很大，对黄河下游河道淤积的贡献份额大约占到了 1/4，这对黄河淤积起了多么大的作用啊！因而我们说，只要对砒砂岩区进行集中治理，控制和减少粗泥沙输入到下游河道，下游河道的淤积问题就必然会得到明显缓解，也可以让砒砂岩区的水土流失和生态环境恶化的状况得到大大改善，还可以让老百姓脱离生态致贫的境况。所以，开展砒砂岩水土流失治理，是非常迫切和必要的。

有科学家指出,如果能够将黄河中游地区产生的粗泥沙就近就地拦截下来,输入到黄河下游的粗泥沙就会大大减少,而这样的结果也就会大大减轻黄河的淤积状况。当然了,要想把整个中游地区产生的粗泥沙全部就地拦下来,投入将会是很大的。

但是,如果不减少那么多的粗泥沙,对黄河来说就不是什么好事了,泥沙侵蚀和淤积导致的各种危害都会在不定时不经意间发威。下面我们就来详细说一说这些危害。

第二节　细数水土流失危害

1998 年 7 月 28 日，黄河砒砂岩地区的十大孔兑之一的内蒙古西柳沟暴发了一场山洪，被载入了水土流失的“史册”。

这次山洪共冲入黄河泥沙达到 1 亿多吨，不仅造成了黄河的堵塞断流，还把包头钢铁公司在黄河的 3 个取水口全部淤死，致使钢铁公司停产时间达到一周，直接经济损失达到 1 亿多元。

说到这里，我们有必要介绍一下十大孔兑。

前面说过，“孔兑”是蒙语山洪沟的音译。黄河上游的十大孔兑位于内蒙古南岸，发源于鄂尔多斯台地，自西向东分别为毛不拉、卜尔色太沟、黑赖沟、西柳沟、罕台川、哈什拉川、母花沟、东柳沟和呼斯太河，全部为季节性高含沙洪水支流。它们由南向北穿过库布齐沙漠，于黄河干流三湖河口以下至头道拐河段的右岸汇入黄河，成为 10 条相邻的黄河一级支流。这些孔兑流域形态相似，南北狭长，呈羽毛状，河长 34.2~110.9 千米，河道平均比降 3‰~6‰,流域总面积 7385.5 平方千米。

下图就是黄河十大孔兑流域水系(见图 4-3)。

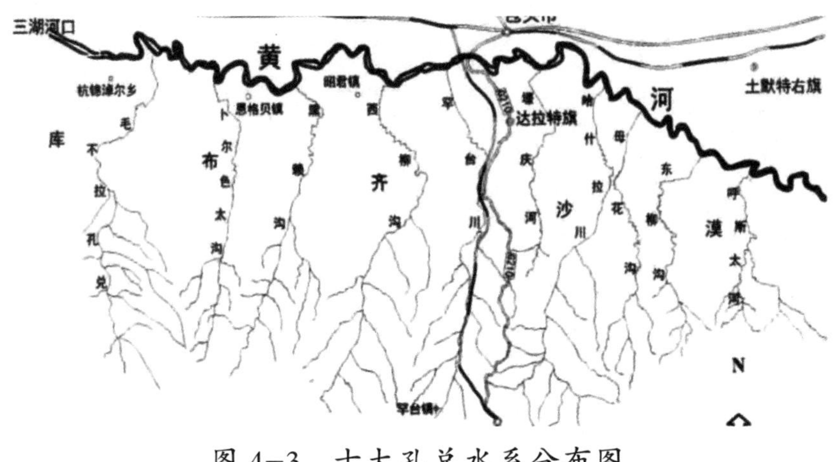

图 4-3　十大孔兑水系分布图

这些河流河道长度相对比较短,但比降很陡,地面植被少,土壤侵蚀非常严重。这些特性导致了它们一遇到大暴雨就往往形成陡涨陡落且洪峰流量大、含沙量高的洪水,一股脑儿涌入黄河。这样的后果就是进入黄河后,非常容易在干流上形成沙坝,堵塞黄河,让黄河的防洪和防凌的形势变得十分严峻,严重影响沿岸人民生产生活、生命财产安全,制约当地社会、经济的发展。

因此,要实现黄河内蒙古河道减淤的根本措施之一就是减少孔兑的来沙量。

历史资料显示,建国后,鄂尔多斯市十大孔兑的山洪暴发,大量泥沙下泄先后造成了黄河干流 10 次淤塞。再加上不合理开发,自然植被严重破坏,居住在这里的群众,曾经生活得相当贫困,年景不好的时候甚至出现了“环境难民”,被迫迁移他乡。更有甚者,个别地区还出现了无水可饮、无地可种、无草可牧,以致无法生存的地步。

已经发生的很多事实都在用无情的数字向我们一遍又一遍地说明一个问题:破坏大自然肯定会受到大自然的报复,破坏得越严重,大自然的报复越厉害。

历史资料记载，砒砂岩地区曾经是一个美丽的地方，根本没有今天这样的沟壑纵横，更不会有“地球上的月球”这样荒凉的代名词。

“鄂尔多斯”在蒙古语中，指的就是“众多的宫殿”。试想一下，如果不是一个草木茂盛、物产丰富的地方，会有很多宫殿建在这里吗？

由此可以断定，原来在鄂尔多斯高原，砒砂岩地区是怎样美丽的一个地方啊！

但是，残酷的现实还是摆在我们的面前，1.67万平方千米的水土流失面积，像一把悬在头顶的利剑，时刻警醒着我们：千百年来的无数次灾难已经写入史书，未来的日子里，如果不能正确地对这里的山山水水，并对恶化的环境进行有效修复治理，将会不断重蹈生态灾难的历史覆辙。

在说这些伤痛的历史前，我们还是先静下心来，仔细理顺一下砒砂岩不同类型水土流失给这里的人民带来的影响，以及给整个黄河流域带来的变化。

一、细数面蚀危害

砒砂岩的水土流失危害主要表现为破坏土地资源和降低土地生产力。

在水土流失中，最先剥蚀的是砒砂岩山坡表面。在山坡地表上发生的侵蚀一般称为“面蚀”。用专家的话说，“面蚀”就是在下雨时，形成的沿着坡面流动的分散径流，从地表冲走表层土壤的现象。也就是说，由于下雨、洪水等形成的水流，在流动的过程中会对山坡的表层进行冲刷，将表层疏松的土壤结构破坏掉，带走土壤颗粒，最后形成了一条条深浅不一的小细沟(见图4−4)。

在砒砂岩地区，面蚀的危害主要反映为表层严重剥蚀、土壤养分和水分大量流失，从而导致土壤的生产力下降。

图 4-4 坡面细沟侵蚀

研究显示，砒砂岩地区的土壤表层大多已经被严重地剥蚀掉了，不少严重剥蚀的区域能够看到土壤下面的母质层——砒砂岩，成为裸露区。在相同的条件下，砒砂岩坡地的土壤侵蚀量约为黄土坡面的 2 倍多。坡面的严重水土流失，也直接导致大量的水分流失掉。而这些水分的流失又直接导致了土壤缺水严重，植被的生长状况受到严重制约，形成了恶性循环。

流失掉的还有维系植物生长的重要物质——土壤养分。研究人员的测量结果显示，在黄绵土和砒砂岩风化物的对比中，砒砂岩的侵蚀程度是黄绵土的 2 倍左右，每年损失的有机质、全氮、碱解氮、速效磷的量均占到黄绵土含量的一半左右。

正是由于上述原因的存在，砒砂岩地区多年来的粮食生产和牧草生产均受到很大影响。统计资料显示，这里坡耕地的粮食产量一般只有每公顷 750~1500 千克，天然草地鲜草的产量一般为每公顷 375~1500 千克。

看到这个数字，或许你可能没有太明确的概念。下面我们就来进行一个简单的对比。就从粮食的产量来说吧，与咱们国家的粮食大省河南省对比，河南省粮食生产分为两季，一季是冬小麦，一季为秋作物，包括玉米、大豆等。近些年来，一般每亩的冬小麦产量稳定在1000斤左右，高产的能达到1500斤左右，大豆的产量较低，稳定在四五百斤左右，玉米就比较高产，能够达到1500斤甚至2000多斤。

说到这里，你可能就会说，单从数字上看差不多啊。其实不然，我们统计这两地粮食产量的生产单位是不同的，砒砂岩地区是公顷，而河南省的是亩。1公顷等于15亩，也就是说，河南省每公顷的小麦产量是7500千克，玉米达到每公顷11250~15000千克，是砒砂岩地区的15倍。这下你就看出门道了吧。

二、细数沟蚀危害

除了面蚀危害，砒砂岩还会面临着严重的沟道侵蚀危害。沟道侵蚀又叫沟蚀，其危害主要是让砒砂岩地区形成千沟万壑、支离破碎的地貌形态(见图4-5、图4-6)。从山坡顶层向下层不断切割，使得沟道变得越来越深、越来越宽，进而让沟顶的土地逐渐变少。

图4-5　砒砂岩区沟蚀

图 4-6　沟蚀造成地形支离破碎

有资料显示，沟蚀危害每年能够让 1.37 公顷的坡地被蚕食掉。这样的蚕食给砒砂岩地区农牧业生产、生态平衡和国民经济建设都带来了非常严重的后果。在砒砂岩地区，很多地方都是很难长成庄稼和成活绿色植物的，其中一个主要原因就是适合它们生长的土壤被侵蚀掉了。据测算，每年被冲走的表土层厚度最多可以达到 1 厘米多，要知道，形成 1 厘米厚的土壤需要上百年的时间啊！每平方千米流失的土壤量最大可以达到 4 万多吨，形成沟壑面积占到总土地面积的 3 成多，甚至更高，使可利用的土地面积逐年减少。

统计数据显示，在准格尔旗德胜西乡，沟壑的面积竟然达到了一半，也就是说这里有一半的土地都是沟壑。前面已介绍过，像裸露砒砂岩地区，沟壑密度达到每平方千米 5~7 千米，实际上这里讲的是大致平均情况，在有的典型区域，每平方千米的沟道长度可以达到 10 多千米。这么多的沟道，每年遇到雨季的暴雨，常常可以看到泥沙随着洪水朝下游猛泄，不少的农田遭到埋压，就像当年开封的洪水吞没大街小巷一样。所到之处，交通阻断，通讯设备和水电线路被冲毁冲垮，甚至还会危害到当地人民的生命和财产安全。

1961 年 8 月 21 日，由于连续的暴雨出现，达拉特旗 8 大孔兑的洪水直接冲毁了平原区的农作物达到 2.6 万公顷，淹没村庄 11 处，倒塌的房屋达到 4000 多间，因为被沙埋而报废的耕地达到 8700 公顷，40 人和 1000 多头(只)牲畜在此次暴雨引发的洪水中丧生。

这次洪水还冲断了公路，西柳沟的洪水夹带着大量泥沙进入黄河，形成了一条沙坝，直接导致黄河断流 3 个多小时，回水 10 多千米，水位迅速上升 4~6 米，一下子又淹没了周围的 4 个村庄。

1989 年的 7 月 21 日，鄂尔多斯市大部分地区普降 110~200 毫米的暴雨，直接造成了 4.22 万公顷的洪灾面积，受灾的人口达到 22.09 万人，13 人丧生，粮食减产 340 万千克，牲畜死亡的数量达到惊人的 14900 头，被毁掉的耕地 4000 公顷，林地 900 公顷。

1998 年 7 月 5 日和 7 月 10 日，两次大雨袭击了西柳沟，导致这里的洪水最大流量达到每秒 1800 立方米，含沙量达到每立方米 1350 千克。这样的流量加含沙量冲入黄河仅仅 15 分钟，就淤积成了一条长 10 千米、宽 1.5 千米、高 6.7 米、淤积量达 1 亿立方米的沙坝。该沙坝将黄河严重堵塞，导致应该向下游流去的黄河水产生了倒流，回流的水漫及该地的四村乡一带，淹没农田 800 公顷。

除了上述损失，水土流失还常常直接导致水利设施被洪水冲毁或淤积，轻的降低工程效益，重的缩短使用寿命，甚至让水利工程进入报废阶段。

1979 年的 8 月 10 日到 14 日，一场严重的洪水冲毁小水库 31 座、塘坝 357 座、河工 93 处、大口井 108 眼。

1975 年兴建的准格尔旗忽鸡图沟水库设计库容 1200 万立方米，最大水深 25 米。然而由于泥沙的大量淤积，到了 1977 年，在同样水位下，人们在库区测到的水深仅剩下 4 米，1980 年只有 1 米多。这个投资 40 万元的水库，还没有来得及配套使用就不得不废弃。

1989 年 7 月 21 日，十大孔兑发生一场暴雨，一场洪水冲毁堤防 68 处，长 45.5 千米，冲毁干渠 8 千米、渡槽 2 座、塘坝 273 座，冲毁淤地坝、小谷坊等工程 23474 处，机电井 1362 眼、其他水井 2243 眼、泵站 17 处、桥梁 14 座、鱼塘 4 处、分洪工程 1 处。

三、细数风沙危害

上面说的就是水土流失带来的沟蚀危害对生产和生活带来的灾难，但是砒砂岩区的危害远不止这些。风蚀也是当地的危害之一。

遭遇过沙尘暴的人都知道，那漫天的黄沙迎面袭来，其可怕程度足可以让一个人记忆一辈子。当然我们遇到的沙尘暴只不过带来瞬间的强大风力，走的时候留下一层黄沙、黄土。但是砒砂岩地区的风蚀比这严重得多。在当地，严重的风蚀沙化，能够让可利用土地不断减少，农牧业的生产遭到减产乃至灾难。当地的居民回忆说，如果遇到沙尘暴，昏天黑地，甚至面对面都看不清人。

资料显示，20 世纪 70 年代初，砒砂岩地区每年大约有 10 万公顷的农田作物因为风沙而不能在播种期进行播种，草场和牧场不断退化，并进入沙化阶段。这样一来，赖以为生的牲畜就没有了饲草，加上缺少水，大量的牲畜被渴死饿死，最终形成当地的畜牧业产品产值不断下降。

与此同时，风沙危害还直接威胁着当地人民群众的生命财产安全。在当地，肆虐的风沙常常会埋压房屋、牲畜圈、水井和湖淖，严重恶化了当地的生存环境。公路被埋、交通改线是常有的事，肆虐的风沙到此还没有结束，它一直推着大量的沙向人群集中地前进，让当地的居民不得不搬迁到新的适合的地方，原因就是原来宜居的地方变成了沙漠地区。

第五章
砒砂岩“生态癌症”常规疗法

大家都知道,如果我们生了病,就要去医院诊断并治疗,目的是要把病看好。对于砒砂岩来说,既然有前述如此之多的危害,就要去治理它。这些年,国家和地方政府投入了不少经费,不仅仅是为了让我们认识这种“地球生态癌症”的现象,其目的是要让科研人员开展砒砂岩研究,探索治理技术,拿出治理好砒砂岩这种“生态癌症”的“疗法”。

当然,砒砂岩之所以被称为“生态癌症”,其中的治理技术难度肯定是相当大的,治理的困难是可想而知的。所以说,目前尽管投入了这么多的人力、物力和财力,取得了一定的效果,但是治理砒砂岩的万里长征还远远没有顺利到达延安这样的胜利目的地。在这条路上,谁都难以预料到底哪种方法可以取得最好的效果,或者效果比较明显,胜利的曙光似乎是一个懒惰的家伙,一直躲在鄂尔多斯高原的深山里,不愿意跟我们见个面。

所以,科学家们只能在治理砒砂岩的探索黑夜里默默前行,就像我们常说的摸着石头过河一样,一点点地向着胜利曙光的方向前进,前进!

前些年,根据科研人员的研究,砒砂岩“生态癌症”的常规“疗法”即治理措施主要有两类,一种是植物类措施,一种是工程类措施。

在介绍常规治理措施之前,我们还是再来回顾一下砒砂岩地区的特征。砒砂岩地区总面积1.67万平方千米,植被覆盖非常稀疏,而且无论是从空中看还是从地面看,都是千沟万壑,如果是在秋冬季,放眼望去,一片荒山秃岭,这里真可比喻为"地球上的月球"(见图5-1)。

在砒砂岩地区,产生的粒径大于0.05毫米的黄河粗泥沙占该区产沙量的80%以上,是形成黄河下游"地上悬河"的罪魁祸首。

图5-1　砒砂岩区千沟万壑

在砒砂岩地区,地形破碎是所有前往过这个地区的人有目共睹的,每年雨季的集中大暴雨也是当地人耳熟能详的,水土流失给当地造成的损失也是记忆深刻的。

强烈的水土流失给当地造成的直接危害是使植被退化,使能够利用的土地面积在逐年减少,农牧业的生产能力逐年下降,大面积的土地由原来的可耕地变成了沙地,失去了农耕的价值,再加上旱涝严重不均的天气情况,让这里的环境恶化到了让人瞠目结舌的地步。

这样的现实,让人轻易就能想得到当地群众的生活是多么困难,生态致贫是常见的现象,经济受到严重制约也是不言而喻的。

因此,国家不断加大对砒砂岩治理的力度。通过实践证明,植被对改善当地的生态环境,提高当地群众的生活水平,特别是提高农民收入有着积极的作用。

下面,我们就从当地常见的、对砒砂岩治理有积极作用的植物开始讲起,看看它们对砒砂岩治理的作用。

第一节　油松林

在砒砂岩区，要说树木，在覆土比较厚的地方，可以见到一些油松，例如在路边和坡顶都比较容易见到这种树木。在当地，甚至还有一棵“油松王”，据称已经有接近千年的辉煌历史了，成了这里的名胜旅游点之一。

让我们先目睹一下位于准格尔旗纳日松镇的一棵硕大无比的油松，它遒劲的枝条、伟岸的身躯、历尽沧桑的挺拔有一种让人心底油然而生的敬畏！

看到下面这张图片了吧，是不是很震撼啊（见图5-2）？这是一棵“油松王”，高25米、胸径134厘米，材积13.5立方米。如果来到了它的脚下，你会更加有这种感觉。这棵油松被称为“油松王”可不是凭空叫出来的，是经过国家林业科学院认定的，被授予“中国第一松”的美名。你看，这棵油松虽然历经千年，却愈加苍劲，松干挺立、松枝遒屈氤氲、伞盖蓬勃、松果累累。如果从空中看，这棵“油松王”形似八宝、状若莲花；如果从远处看，它像一个巨龙，昂首奋身。

图 5-2　千年“油松王”

为了这棵油松王，当地还专门建了一个叫作“松王寺”的寺院（见图 5-3）。听说，在寺院内，还有数名喇嘛专门守护着它，为它念经。

图 5-3　松王寺

与这棵“油松王”相对的西北 50 米处，有 13 座敖包一线排开。在第一座敖包顶上，有一棵古老的柏树，苍翠欲滴、雄姿勃发，被当地先民奉为“财神树”。每年的农历五月十三，当地的老百姓都会纷纷而来，举行隆重的祭祀仪式，祈求风调雨顺、人畜两旺、百业兴盛、社会繁荣。这一松一柏（见图 5-4），意趣天成！

图 5-4　油松王与古柏（左松右柏）

说完故事，我们来说说正事。作为砒砂岩地区的乡土树种，油松抗干旱、耐瘠薄，即使是浅根系树种也能够在砒砂岩坡地上良好生长。试验和观测结果显示，油松在覆土砒砂岩区的黄土和沙土坡地上的长势均好于其他乔木树种。油松生长稳定，防护效益好，除了低湿、盐碱地洼地，适宜在多种立地条件下生长，是砒砂岩地区造林的主要树种。

然而，单纯由油松构成的树林本身也有自己的缺点，一个是成材一般要 20 年以上，第二个就是油松本身容易发生火灾。

所以为了充分发挥油松的效应，砒砂岩区一般采用油松和沙棘的混交林（后文再专门介绍沙棘）。观测结果显示，在幼林的时期，沙棘生长比油松快，沙棘的水平根系发达且有根瘤菌为林地提供氮素，较好地改良了土壤，给油松幼树的生长创造了条件。

因此，即使在 1995 年准格尔旗种植的二种混交林发生了虫害，使得大片的沙棘死亡，但是油松发挥了重要作用，守护着脚下砒砂岩上面所覆盖的黄土层。不过，由于这种混交林的湿度、土壤水分和营养条件较好,曾经招灾的沙棘依靠其强大的根孽苗,又很快生长了起来。

经过20多年的生长后，在坡地营造的油松平均树高能达3.7~4.3米,胸径5.8~6.7厘米,每公顷能够成木材24~36立方米。这些郁郁葱葱的油松林，能够有效控制住砒砂岩地区沙土或黄土山坡地的水土流失，同时为当地农民提供烧材的原料及林间的饲草。目前,油松已经成为治理覆土砒砂岩区坡地的主栽乔木树种,生态和景观效益都很突出。

第二节　柠　条

在砒砂岩地区，还有一种生命力很顽强的树种，这种树种是当地分布范围最广、资源面积最大的豆科灌木树种。这种灌木的名字叫柠条，没错，下面照片中的植物就是它(见图 5–5)。

每年的春末，这种灌木就在砒砂岩地区开出一簇簇黄色的小花，为这些地方单调的颜色增加了不少生机。

柠条是一种保持水土、防风固沙和畜牧利用的优良树种，它突出的表现就是抗干旱、耐瘠薄、容易成活、生长快、寿命长、生物产量高、虫害少以及耐放牧等特点。

在干旱比较频繁的砒砂岩地区，柠条的抗干旱和抗病虫害成了一大优势。1999 年和 2000 年，砒砂岩地区持续发生干旱，坡地人工沙棘林因为干旱和虫害而大面积枯死，让人称奇的是，人工柠条却安然无恙，并成为当地畜牧业抗灾的重要饲草来源。

图 5-5　柠条

柠条在覆沙砒砂岩上生长较好，根系十分发达，最长的可达 10 米以上，并在其周围常能形成固定的土埂，因此，被称为优良的固沙保土灌木。

同样是砒砂岩地区，如果是在裸露砒砂岩上生长，效果就不如覆沙砒砂岩了。根据观测，4 年生的柠条的平均高度只有 65 厘米，冠幅大约为 70 厘米×65 厘米，而在覆沙砒砂岩生长的柠条则平均高度为 172 厘米，冠幅为 114 厘米×100 厘米。

我们常说给点阳光就灿烂，看到了吧，人家柠条即使缺少点儿阳光照样能够生长。什么叫作能屈能伸，什么叫作顽强不屈，什么叫作不辱使命，大概一棵柠条就是一个极具说服力的例证吧。

第三节　沙　棘

下面这两张照片就是沙棘，那红红的小圆果就是沙棘结的果实（见图 5-6）。

图 5-6　沙棘

沙棘果是不是很诱人？肯定还会有人问，味道是不是也很诱人呢？是的，它的味道酸甜而又柔绵。你可别小看这种小小的果实，据说，它的维生素 C 含量很高，一粒的价值就抵过一个橙子。

沙棘，是砒砂岩地区一种很常见的灌木，是砒砂岩地区的特产，同时也是砒砂岩水土流失的克星和生态环境的守护神。对于沙棘来说，功效主要包括两方面，一个是沙棘对砒砂岩的治理做出了不可磨灭的贡献，即它具有很突出的生态价值；另一个是沙棘本身还具有多种特殊的药用价值和经济价值。沙棘的生态、经济等多项功能特殊，治理水土流失的作用突出，因此，我们要给它点特殊待遇，就是用较多的篇幅来讲述它。

一、沙棘的药用价值

根据查阅的资料，沙棘为蔷薇目、胡颓子科沙棘属，是落叶性灌木的一种，因其具有耐旱、抗风沙、可在盐碱化土地上生存的特性，被广泛用于水土保持，在中国的西北部种植有大量的沙棘用于沙漠绿化。此外，由于沙棘的根、茎、叶、花、果，特别是沙棘果实含有丰富的营养物质和生物活性物质，可以广泛应用于食品、医药、轻工、航天、农牧渔业等国民经济的许多领域。

沙棘的药用、食疗和美容价值可以让你垂涎三尺、大开眼界。

沙棘的果实中维生素 C 含量特别高，素有维生素 C 之王的美称。从沙棘的药用价值来说，沙棘的果和油可降低胆固醇，治愈心绞痛，防治冠状动脉粥样硬化性心脏病；有祛痰、止咳、平喘和治疗慢性气管炎的作用；能治疗胃溃疡和十二指肠溃疡以及消化不良等，对慢性浅表性胃炎、萎缩性胃炎、结肠炎等病症疗效显著；对烧伤、烫伤、刀伤、冻伤有很好的治疗作用；对妇女宫颈糜烂有良好的治疗效果。

从这段描述来看，沙棘真是一件宝物！

二、沙棘的食疗和美容价值

当然，我们说沙棘是宝物还有其他的佐证，譬如从它的食疗价值和美容价值角度而言。

别看沙棘果这个小东西猛一看不太起眼，吃在嘴里有一种食醋一样酸酸的味道，它的营养成分却不少。根据测定，沙棘果含有多种维生素、脂肪酸、微量元素、沙棘黄酮、超氧化物等多种活性物质和人体必需的各种氨基酸。其中，糖占7%~10%，酸占3%~5%。对于沙棘果汁来说，大概也可以用想沙棘果而流口水来表述吧，如果模仿一下三国时期的曹操丞相，是不是可以创造一个叫作"思棘流涎"的成语呢？

前面我们也已经说过了，沙棘果是维生素C之王，测定结果是每100克沙棘果汁中，维生素C的含量竟然达到825~1100毫克，是我们平时最津津乐道的维生素C含量很高的猕猴桃的2~3倍。知道什么叫低调了吧，沙棘就是！尽管它的果很小，生长在其他植物都不愿生存的地方，但它全身都是宝。

虽说沙棘果的优点这么多，但由于沙棘的枝上有一些尖刺，采摘就比较困难啦，因此野生状态下的沙棘很少有人采摘。

说完沙棘果，再说说沙棘叶。沙棘叶可以做保健茶，它的有效成分中，粗蛋白占16%，粗脂肪占将近10%，粗纤维占14%，无氮浸出物达到55%。

说完沙棘叶子，我们再来说一种沙棘果的提取物——沙棘油。沙棘油是从天然植物沙棘的果实中提取出来的一种珍贵的天然油脂。根据测量，沙棘果的含油率约为1.5%，其中果肉油约占总量的40%以上，果皮渣油约占三成，种籽油约占1/4。这就意味着，100斤沙棘果里含有1.5斤的沙棘油，但是我们目前的压榨技术还不能实现对植物油料的百分百提取，所以能从沙棘果里提取的沙棘油就更少了。

沙棘油的强大功效还是让我们不得不竖起大拇指。据说，沙棘油里还有高达206种对人体有用的活性物质，其中有46种生物活性物质，含有数量很多的维生素E、维生素A和黄酮。这些物质在抗疲劳、增强机体活力及抗癌等方面具有非常特殊的药理性能，能够保护和加速修复胃黏膜、增加肠道双歧杆菌的药性，降减血浆胆固醇，减少血管壁中胆固醇含量，防治高血脂症和动脉粥样硬化症，并能促进伤口的愈合。

是不是很强大啊，相信看到这里，有上述病症的朋友恐怕就要迫不及待地跑到砒砂岩地区，一睹这种神奇灌木的风采，然后冒着被沙棘枝条上的尖刺扎疼的风险，尽快将这种绿色、有机、无任何污染的东西送入口中。

当然，沙棘油的好处还没说完，对于那些爱美的男士和女士来说，沙棘油含有大量活性物质可以达到抗衰老的作用。在高级化妆品中，沙棘是重要的原料，其高温萃取物——果素已经成为祛痘精华的主要成分，这种果素中的SOD含量，每毫升达到5623个酶单位，是人参的6倍还多。

说到这里，让人不由得对沙棘这种植物开始有种顶礼膜拜的感觉。同时，科学家们的研究也告诉我们，沙棘果素可以阻断因肌肤内物质过氧化产生的自由基，阻止肌肤的过早老化，修复受损细胞组织，促进组织再生和上皮组织愈合。

此外，沙棘果素还有定向渗透的作用，从沙棘果中萃取的有效祛痘除印保湿美白因子，通过肌肤表层快速吸收，定向针对痤疮丙酸杆菌，抑制其感染、泛滥，修复受损肌肤，恢复肌肤正常的更新和循环系统。

另外，据植物学家考证，沙棘这种植物在地球上已经有2亿年的生存历史了。沙棘在沙漠和高寒山区等环境恶劣的地方都能够生存。由于沙棘生活在无污染的环境中，加上它上述种种优良性状，被我国卫生部确认为药食同源的植物，被中国中医药典和世界药典广泛入药，是世界植物群体中公认的维生素C之王。

在我国，沙棘还被称为“圣果”，在日本被称为“长寿果”，在俄罗斯被称为“第二人参”，在美国被称为“生命能源”，在印度被称为“神果”。

三、沙棘的“克隆”功能

统计资料显示，沙棘广泛分布于黄土高原及其毗邻地区，总面积达到200万公顷，属于优良的多用途树种和典型的克隆植物。

说起克隆，我们就会想起克隆羊多莉，想到电影《克隆人的进攻》，想到《侏罗纪公园》，其实克隆在植物界很普遍，而我们也知道，克隆的另一个名字叫作复制。

对于沙棘的克隆功能来说，它的萌蘖根是克隆器官。这种萌蘖根在克隆生长的过程中，也就是在它串根萌蘖的过程中，能产生新的分株，并且通过横向的水平拓展实现大尺度的跨越，能够从沙丘之间扩散到沙丘的顶部，从沟低生长到沟坡上部，从树林外生长到树林内。还记得有一篇叫作《森林爷爷有办法》的文章吗？说的就是森林里的大树们在地下形成了一个错综复杂的地下根系系统，能够抵御大风、暴雨、干旱等强恶劣天气而屹立不倒的事。沙棘的根大概也是学习了这种功能，并且比一般的大树有着更强大的根系扩散功能。

研究显示，多年生的沙棘，地下根的克隆功能特别强大，能够将它克隆出的分株、根系全部联系在一起，形成多层次、网格状、广泛分布的结构。当然了，这种结构是相当强大，能够把土粒包裹在中间，能够非常有效地保持水土、防风固沙和稳固土壤的基质，而这就为植物的定居创造了非常有利的条件。

此外，沙棘还能够通过克隆死亡风险分摊和生理整理作用，大大降低克隆的死亡风险，使得分布在不同环境中的沙棘克隆分株能够互相传输资源，以此来缓解局部资源的贫乏，在竞争和进化中获得较高的优势。这就是说，如果沙棘树的种群基株发生了死亡，就是这个老的沙棘树由于各种原因发生了死亡，它之前已经分布并且形成系统的网格状根系就会表现出强大的克隆功能，能够通过生产出克隆的小株继续进行繁殖来维持乃至扩大整个沙棘树的种群。从这种意义上来说，沙棘是不是实现了人类梦寐以求的永生？

是不是很强大？专家的研究还显示，沙棘依靠自己的这种克隆特性，提高资源的利用效率，提高繁殖和生存的效率。正是有了这样的效率，才让沙棘能够在生存环境恶劣的地方维持自己种群的稳定和持久。

同时，有研究还表明，在我国西北地区的毛乌素沙地，沙棘的种群结构也由增长型发展到稳定型，然后走向衰退型。然而，让人称奇的是，沙棘在衰退的过程中，能够依靠其克隆功能，产生新的分株，及时填充林窗，进而促使其种群得到恢复并维持其稳定性。

在这里不妨科普一下“林窗”。所谓“林窗”，就是在森林里，由于老树的死亡或者火灾等偶然因素导致在树冠层出现了空隙的现象，下面的图5-7就是林窗。

图 5-7　林窗现象

正是由于这种特性，才使得沙棘在我国北方干旱半干旱区，特别是干草原和半荒漠背景的黄土高原、毛乌素沙地及砒砂岩地区，可以蔚然成为一个群落，并能够在一段较长的时间内占据一个地方。

四、沙棘的生态作用

由于这种神奇的植物在当地有着相当的知名度，同时在生态治理中取得了让人拍手称奇的效果，所以那些搞相关研究的学者和政府部门相关的管理者对沙棘有着相当的重视。

在水利部，专门成立了一个部门叫作沙棘开发管理中心。这个“中心”为了给大面积发展沙棘提供优良品种，专门聘请沙棘育种专家在鄂尔多斯市东胜区九成宫建起了规模很大的沙棘良种培育基地（见图 5-8）。下面左图是基地大棚外的部分场景，右图是大棚内正给沙棘苗喷水。

图 5-8　鄂尔多斯沙棘育苗基地

这个基地是考察砒砂岩的大部分领导、专家必去的地方。资料显示，这个基地有 50 多个沙棘优良品种，总量约 38 万株。同时，兼有 400 亩的杂交园圃和采穗圃，利用全光照喷雾技术，采取沙棘的硬枝和嫩枝扦插育苗。这个基地提供了适合我国黄土高原地区的生态经济型、叶用型、大果型沙棘种苗，成为山西、陕西、内蒙古地区最具规模的现代化沙棘良种培育基地。

早在 1985 年，时任全国政协副主席的钱正英院士就提出，“以开发沙棘资源作为黄土高原治理的一个突破口”，黄河水利委员会也专门成立了沙棘工作领导小组，并制定了“九五”期间《黄河流域沙棘发展规划》，为全面促进黄河流域沙棘事业发展提供指导。

在生态治理方面，沙棘的功能主要体现在水土保持、防风固沙、砒砂岩治理、防治泻溜及矿区植被恢复等方面。

在水土保持方面，曾经在黄土高原和毛乌素沙地漫山遍野都是洋槐和杨树，但是由于这两种树种的生存环境和生物学特性的限制，导致当地产生了不少的“小老头树”，就是长了很多年，总是长不大长不粗，一直像棵小树苗。这些小老头树的生态功能和经济价值都不高。后来，山西、陕西和内蒙古等省区进行了协作研究，发现沙棘对干旱贫瘠的地方不仅拥有良好的适应性，还有很强的水文功能。

详细的研究结果显示，沙棘的适应性非常广泛，不仅能够耐贫瘠、干旱、盐碱乃至外力和生物践踏，而且前面我们已经详细介绍过的克隆功能，能够迅速让这种植物在当地形成比较茂密的群落。

数据显示，沙棘的树冠截留率、枯落物持水率显著高于油松、刺槐和山杏。生长 5 年的沙棘枯枝落叶层的最大持水率为自身重量的近 3 倍，每公顷可截持降水量将近 9 吨。同时沙棘的枯落物还可以增强土壤的抗冲刷能力，在相同的条件下，与无枯落物覆盖相比，枯落物厚度达到 2 厘米就能够减少 95%以上的土壤冲刷。在黄土高原地区，生长 7 年的沙棘林枯落物的厚度就能够达到 2~2.5 厘米。

其次，前面我们也已经说过了，沙棘非常发达的根系能够有效地固结土壤、截留降水和拦蓄径流，进而提高土壤的抗冲刷能力。研究数据显示，生长 3~5 年的沙棘树高在 1~1.5 米，根系更是多达 430 条，总长度接近 69 米，更厉害的是这些沙棘的根系广泛分布在地表到地下 60 厘米的土层里。

再者，沙棘还具有根瘤固氮的能力，加上沙棘枯落物的分解，能够提高土壤的有机质含量，改善土壤结构，增强土壤的抗蚀、抗水和渗透能力。研究数据显示，生长 9 年的沙棘林，平均渗透能力为每分钟 8.3 毫米，稳定渗透速度为每分钟 6 毫米，而这能达到荒坡地的 3~5 倍。

再加上沙棘的克隆生长，能够迅速地覆盖林地，长期将它们生长的环境空间稳稳占据，然后还不断地向周围扩展，最终实现长期保持水土的目的。

在防风固沙方面，沙棘强大的克隆功能能够让其在生长上跨越很大的尺度空间，全面在沙丘间、沙丘顶部、沟谷、沟坡、林外、林内等所有的空间实现迅速扩散生长，同时形成强大的地下根系来固定流沙。

专家们在毛乌素沙地的考察结果显示，沙棘能够实现 1 平方米内萌蘖 2~3 株，而这还是沙棘在稳定自己的地盘向周围扩散的结果，很多人工林难以成活的地方最后都成了沙棘的地盘，由此可想沙棘扩散地盘的速度多么强大。

由于很多其他植物赖以成活的沙地都成为沙棘的地盘，所以形成稳定群落的沙棘还能够有效地拦截一些在沙地风滚的植物，这些植物被拦下之后， 就能够实现比人工沙棘林更好的水土保持作用和土壤培肥效果。因此，当这些风滚植物腐烂之后，往往能够在沙棘周围形成更加繁茂的植物群落。

有专家还在红土地区做过种植沙棘的试验。他们在红土区栽种了一条宽 5 米、长 10 米的沙棘林，结果共拦截崩塌的红土达 70 立方米。尽管有不少的沙棘被压倒或者掩埋，但是沙棘强大的克隆功能，让其顽强地匍匐着向上生长并产生了新的植株，有效拦截了红土泻溜。

如果是行走在砒砂岩地区，也可以说除了在少数盖土砒砂岩地区能够生长一些常见乔木，几乎只有沙棘了，在不少山沟里，随处都能够在沟谷看到一人多高的沙棘。

研究试验显示，在裸露的砒砂岩上，诸如白榆、山杏和小叶杨等当地最常见的乔木都不能生长，即使极耐寒、扎根特别深的柠条，也难以在裸露的砒砂岩上良好地生长。

说到这里是不是对沙棘这种低调内敛的神奇植物多了一种“天降大任于斯人也”的感觉？俗话说：一物降一物，卤水点豆腐。这裸露砒砂岩如果会说话，它一定会在当地很狂傲地说：“这是老子的地盘，谁也拿我没办法！”而按照沙棘的性格，肯定会默默地看着它，然后在心里轻轻说一句：“过几年兴许你就知道我的厉害了。”

说到这里，我们还得翻开历史，找找沙棘这种神奇的植物是如何在砒砂岩地区落地生根发展起来的。

原来，为了治理砒砂岩，从20世纪的60年代开始，当地的水土保持研究人员就摸着石头过河，在准格尔旗的一座水土保持试验站建立了第一个水土保持灌木园。当时，这个水土保持灌木园引进了20多种灌木，拉开了以灌木种植这种生物措施来治理砒砂岩的探索性试验。

研究人员的试验地就选在了裸露砒砂岩上。研究人员经过5年连续的观察、试验，最终用数据和效果证明了在风化和未风化的砒砂岩上，只有沙棘能够很好地生长。

研究数据显示，种植过沙棘的地方，植被覆盖率提高了30%~50%，而径流量可以大大减少，土壤中氮和钾的含量均得到了提高。

然而，就在水土保持灌木园试验获得初步成功的时候，能不能在砒砂岩大面积推广问题上，专家们却形成了鲜明的对立立场。

为此，长期奋战在基层的水土保持研究人员仍旧执着地探索着答案。这个时候，他们除了栽种沙棘，还种植了柠条、沙打旺、油松，实行了灌、草、乔混合的生物治理。

达尔文说过，自然选择，优胜劣汰。经过几年的试验后，在无任何人工管理的前提下，这些植物中生长得最好的还是沙棘。当地群众看到这种情形，对沙棘兴奋地总结道："枝叶繁茂，长在地上像把伞；枯叶厚重，铺在地面像地毯；根系发达，扎进土里像张网。"

就是从这个时候开始，沙棘开始从试验阶段逐渐进入推广阶段。1990 年，黄河水利委员会正式立项，在裸露的砒砂岩地区进行沙棘种植的试点、小面积示范及大面积推广。

大道无言，沙棘一旦在砒砂岩地区特别是裸露的砒砂岩地区落地，就会表现出强大的生长能力。

鄂尔多斯市准格尔旗黑毛兔小流域是个非常典型的裸露砒砂岩地区，这个流域的总面积为 6.19 平方千米，每平方千米的沟壑长度达到 4.1 千米，每年每平方千米土壤侵蚀量达到 3.15 万吨。1983 年开始，这个流域开始实施以沙棘为主的水土保持综合治理工程，共种植沙棘 416 公顷，最后得以生长的为 327 公顷，有效地控制了黑毛兔小流域的水土流失，之后连续多年这个流域沟道里清水长流，没有发生过明显的泥沙流失。研究数据显示，通过种植沙棘后，黑毛兔小流域每年平均蓄水 99 多万立方米，减少泥沙流失近 20 万吨。

准格尔旗的巴润哈岱乡，265 平方千米的面积中，裸露砒砂岩区就占到了 50%以上，这个乡的很多地方没有地可种，没有水可饮，没有草可用来放牧。1986 年，巴润哈岱乡开始大力发展沙棘种植，总种植面积达到 1.46 万公顷。很快，这里的荒山秃岭披上了绿装，林草的覆盖率由 13%一下子提高到了百分之五六十，每年每平方千米的土壤侵蚀量由之前的 2 万~4 万吨一下子降到 3 千吨。

此外，内蒙古的罕台川流域也进行了以沙棘为主的水土保持综合治理，效果也非常明显。1998 年，这个流域经历了两次大暴雨，但是进入黄河的泥沙却非常少。而与此形成鲜明对比的是,与罕台川流域相邻的西柳沟产生了大量泥沙下泄,两次淹没包头钢铁公司的取水口,给包头钢铁公司带来了1亿多元的经济损失。

沙棘治理砒砂岩的效果如此之好,为了推广这些成功经验,1993年和1996年,水利部两次在鄂尔多斯市召开“全国沙棘资源建设现场会”“三北地区沙棘资源建设现场会”。

在会议上,中国工程院院士关君蔚实地考察了沙棘治理砒砂岩种植情况后,大为兴奋,连称:“利用沙棘治理砒砂岩的成功,表明治理黄河的泥沙和黄土高原的环境问题找到了钥匙。”

与此同时,《全国生态环境建设规划》也要求在砒砂岩地区大力营造沙棘水土保持林,减少粗泥沙流失危害。

有了上述准备工作之后,1998年,我国正式启动实施了“晋陕蒙砒砂岩区沙棘生态工程”。此次工程治理的范围包括山西省的岢岚、五寨、河曲和偏关4个县,陕西省的府谷、神木、榆林(现榆林市的榆阳区)3个县(区),内蒙古自治区的准格尔旗、伊金霍洛旗、达拉特旗、东胜区、杭锦旗5个旗(区)。

这个项目工程用了13年的时间,也就是从1998年一直到2000年,通过种植沙棘治理砒砂岩区水土流失面积达2万公顷, 实现2000年以后每年减少黄河泥沙1.7亿吨,包括粗泥沙1.4亿吨,同时能够改善项目区的生态环境和农业生产条件。

统计数据显示,自1998年到2007年近10年间,国家共向砒砂岩项目区投资2.7亿元,种植沙棘31万公顷,每年新增减沙能力2700多万吨。

从1985年开始, 鄂尔多斯市开始利用沙棘治理砒砂岩以来, 截至2010年底,累计种植沙棘45万多公顷,治理上千条沟。其中三年生沙棘株高已经达5米以上,达到了防风固沙、护坡固沟、保持水土的目的。根据测算,砒砂岩区覆盖这些沙棘后,能够减少地表径流80%,减少水蚀75%,减少风蚀85%。

一组更详细的统计数据也显示,到了2004年,研究人员对鄂尔多斯市东胜区71.33公顷砒砂岩区,在2000年种植的沙棘生态治理效果进行了实地调查,结果显示,泥沙被沙棘有效拦截在面积接近10公顷的沟底,平均的淤积深度达到了45厘米,4年期间拦沙4.4万立方米。

作为一种神奇的植物,前面我们已经说过了,沙棘改良土壤的效果也非常明显。下面我们就从沙棘强大的根系对土壤改良的作用入手,来详细阐述一下沙棘是如何改变土壤的物理和化学性质的。

我们先来学习一个新名词:土壤孔隙。所谓“土壤孔隙”是土壤中水分、空气的通道和存在的场所,这个土壤孔隙的大小决定着土壤水分和空气的含量及通透性的好坏,土壤的通气性、保水性、透水性以及植物根系的伸展都受到土壤孔隙特性的影响。所以,土壤孔隙分布是土壤基质最重要的特征之一,也是土壤肥力的重要指标。

研究人员在沙棘林进行了不同林龄的土壤理化分析,结果显示,沙棘林的年龄越大,土壤表层根系生物量越多,同时土壤固体颗粒间的孔隙量逐渐增多,总孔隙度呈现逐渐增加的趋势,最高的能增加近2成,而这个数值在6年后趋于稳定,表明沙棘林土壤渗透性和蓄水能力呈现增强趋势。

还有研究表明,沙棘成林后,对土壤的机械组成也产生了影响。说到这里,我们再来科普一下土壤的机械组成分析。

土壤机械组成分析是为了测定不同直径土壤颗粒的组成,确定土壤的质地,而土壤质地直接影响土壤水、肥、气、热的保持和运动,并与作物的生长发育有密切关系。研究表明,粘粒具有较大的表面积,粘结力很强，对团聚体形成具有重要作用。

一组对照分析结果显示，沙棘林地的粘粒含量均明显高于荒地、农地和苜蓿地，砂粒含量大幅度下降。这就表明随着沙棘林的生长，雨滴对地面直接侵蚀逐渐减少，径流对土壤的冲刷也逐渐减少，这些便形成了土壤成土的稳定环境，使得土壤粘化作用增强，粘粒聚集明显，土壤的抗蚀性和抗冲刷性提高，水土流失得到了有效地减少。而这也更加能够说明，沙棘林更能防治土地退化，促进土壤发育和提高土地生产能力。

光提高土壤的这些指标还不够，沙棘林对土壤有机质的作用也不容忽视。什么是“土壤有机质”？它是土壤重要的组成部分。有机质含有植物生长所需要的各种营养物质，是氮、磷、钾的重要来源，微生物生命活动的重要能源来源。

在说结果之前，我们还得重点介绍一下沙棘的另一种特异功能。熟悉大豆的人都知道，大豆能够通过吸收空气中的氮气，然后通过根部根瘤中的根瘤菌将氮气转化为氮元素，供大豆生长需要。作为植物生长重要养分元素之一的氮素，庄稼人每年要施用的化肥中大部分都是氮肥。与大豆相同的是，沙棘的根系能够与放线菌、细菌结合，形成根瘤，根瘤能够固定土壤和空气中的氮素，起到固氮的作用。研究也显示，沙棘林的树龄越大，固氮能力越强。

专家们的测量结果证明，沙棘成林后，土壤有机质的含量为每千克含 13.92 克，是荒地的 3.68 倍，全氮、全磷和全钾含量均超过苜蓿地、耕地和荒地。另外沙棘林地有效氮含量为每千克含 36.3 毫克，速效钾含量达到了每千克含 178.4 毫克，这两种养分分别为未造林荒地的 4.54 倍与 3.29 倍；速效磷的含量与苜蓿地的含量几乎相当，达到了未造林荒地的近 8 倍。

说到这里，可能你想要打破砂锅问到底，这些有机质是从哪儿来的呢?在这个问题上,专家们也给出了答案。沙棘林有机质的来源主要是沙棘林生长的过程中,各种植物的凋落物、死亡的植物体、大量的沙棘细根和沙棘根瘤死亡脱落,沙棘的分泌物和微生物的排泄物等。随着沙棘的生长年限延长,沙棘林土壤的有机质和速效成分也在逐渐增加中。

五、沙棘的经济效益

在一些城市的饭店里，或许你会看到销售的饮料中竟然有沙棘果汁。说到这里,那些吃货和对沙棘的生理、美容功效“耿耿于怀”的人是不是已经迫不及待地问,砒砂岩区的沙棘果汁怎么样呢?

下面我们就来详细说说这种神奇的灌木,被称为先锋植物的沙棘能够给当地的企业和老百姓带来哪些实实在在的经济效益。

自从 1998 年国家启动“晋陕蒙砒砂岩区沙棘生态工程”以来,内蒙古自治区的达拉特旗就于 2005 年率先自发组建了达拉特旗农民沙棘协会,之后,各地的农民沙棘协会也如雨后春笋一般纷纷成立。规模较大有榆林农民沙棘协会、伊金霍洛旗农民沙棘协会、达拉特旗农民沙棘协会、东胜农民沙棘协会、准格尔旗农民沙棘协会等,这些农民沙棘协会会员一般在 100~500 人。

不得不说,这些协会在联结政府和市场、提升沙棘产业化经营水平和增加农民的收入方面发挥了积极的作用。统计数据显示,2006 年之前,依托水利部沙棘开发管理中心兴建的沙棘龙头企业,高原圣果沙棘制品有限公司在达拉特旗收果、收叶的数量很少,到了沙棘协会成立以后,2006 年、2007 年农民通过采果、采叶合计收入超过 40 万元。

沙棘给当地带来经济效益的还不仅仅是这些。在准格尔旗的巴润哈岱乡,有一个村叫满忽兔村,这个村在沙棘种植之前是个远近闻名的贫困村,当地老百姓形容它是:人缺粮来畜缺草,下雨洪水满山跑,家里无钱灶缺烧,光棍堆下一旮旯。

然而，自从1990年种植沙棘以后，村里发生了翻天覆地的变化，彻底摘掉了贫穷的帽子。自此，该村人均沙棘林达到3公顷，土地生产力由原来的每亩地155元提高到近800元。2000年，全村的人均收入为2260元，整整提高了将近14倍，其中沙棘林的直接人均收入为526元。

成立于1993年的伊克昭盟新昫科技实业有限责任公司，每年要收购沙棘果15万千克，其生产销售的"天骄牌"沙棘茶、沙棘保健醋、沙棘酱油和沙棘饮料等产品，2000年总产值达到了700万元，直接拉动当地农民为公司采收沙棘果收入增加6万元。

2005年，这家公司又与北京王致和集团达成了合作生产协议，投资2000万元在东胜铜川经济园区建设年加工生产沙棘醋、沙棘酱油各5000吨，沙棘饮料1000吨的合作项目。

上面我们介绍了沙棘的很多好处，有生态价值、药用价值、经济价值，等等，这种神奇的植物几乎在当地创造了一个完美的神话，从我们大篇幅表述中，几乎看不到一个沙棘的缺点，这种几无瑕疵的灌木难道一点缺点都没有吗？

有专家对沙棘进行分析后得出一个结论，这个结论涉及我们常说的生物多样性问题。因为按照沙棘的生活习性，极有可能会在础砂岩地区形成一个顶级群落。这个顶级群落一旦形成，就会完全复制外来生物入侵的模式，将础砂岩地区真正形成自己的王国，其他的植物很难生存下来。有些专家分析之后则认为，沙棘不会成为一个地区的顶级群落，反而可以作为环境恶劣地区的先锋树种和部分乔木伴生，而且不一定要混合种植成林。

但是有学者经过多年的研究还是发现，由于沙棘的萌蘖克隆功能，在3年内就可以成林，并且它的郁闭度达到0.9以上，也就是说，如果这些沙棘成林之后，枝条间孔隙特别小。这就直接使得沙棘林的林下光照、水分条件非常差，养分竞争十分激烈，有限的土地资源不堪重负，抵御干旱、病虫害、雪压等自然灾害的能力降低，稳定性差。同时，密闭的沙棘林让人和牲畜很难进入其中，对沙棘果、沙棘叶的利用效率也大打折扣。

因此，有专家提出，要充分重视砒砂岩地区的生物多样性，因为一旦发生大规模的病害，极有可能给沙棘带来灭顶之灾。除了要研究沙棘与其他树种的混交种植问题，还得研究其他的适应树种，同时加强对沙棘新品种的选育，以此来充分发挥其生态效益、经济效益和社会效益。

最后，咱再采取倒叙的手法，说说沙棘是如何被发现的。

相信朋友们已经按捺不住要寻根求源了：这么好的东西是不是就是砒砂岩地区的特产呢，它又有什么历史的渊源呢？

其实，沙棘这种神奇的植物在海外早就享有盛名。有历史资料记载，早在古希腊时代，各个城邦之间战争连续不断。在这些战争中，有一个被我们津津乐道的民族——斯巴达人。有一次，斯巴达人打了胜仗，但是非常遗憾的是有 60 多匹战马在战争中受到了重伤。这件事让胜利的斯巴达人陷入了矛盾中，如果从那时的战马状况来说，杀掉它们，减少它们的痛苦无疑是最好的选择，但是从人道的角度讲，为战争的胜利立下功劳的战马被处死显然不是刚胜利的斯巴达人的处事原则。

无奈之下，斯巴达人作出了一个决定：把这群受重伤的战马放归到一个灌木林中，任其自生自灭。

然而，让斯巴达人没想到的是，过了一段时间，他们在树林里惊讶地发现，这 60 多匹原本已经濒临死亡的战马，不但没有死去，反而体壮膘肥，毛色也十分鲜亮，远远看去，好像闪着光亮一般。

斯巴达人对当初自己的无奈选择感到羞愧的同时，感到既惊讶又欣喜万分。惊讶的是这些原本已经在死亡线上挣扎的战马究竟是靠什么力量脱离了死亡的威胁，当然，欣喜万分的是这些马还活着，并且活得如此体壮膘肥。

经过对这批马的观察,聪明的斯巴达人终于发现了一个秘密,这些马饿了就吃灌木林里的植物,而渴了就吃这些植物的果实,就是这片灌木林不仅治愈了这批马的伤,还让它们更加健壮。

从那时起,斯巴达人知道了这种灌木的营养和医用价值,并且赋予这种灌木一个非常浪漫的拉丁文名字:使马闪闪发光的树。

当然了,这种灌木就是我们现在所说的沙棘,而"使马闪闪发光的树"就成了沙棘这种神奇灌木拉丁学名的由来。

第四节 其他植物

在砒砂岩区,还生长有其他植物,其中较常见的就是沙柳和羊柴,这两种植物也属于抗旱能力强、生物产量大、饲用和材用价值高、防风固沙功能好的优良沙生灌木。其中沙柳的抗逆性非常强,根系发达、可塑性大、抗沙埋、分蘖性强、植株高大等。

沙柳是一种只需要扦插就能活的植物,一旦遇到合适的水土条件,很快就能够生根发芽,并迸发出顽强的生命力(见图 5-9)。

图 5-9 沙柳

第五节　淤地坝

说完植物,我们再来说说治理水土流失的工程类措施。要想不让山坡上、山沟里侵蚀下来的泥沙进入黄河,最理想的办法就是在沟道里修建土坝拦住泥沙,专家们把这样的土坝称为“淤地坝”。

通俗地说,淤地坝就是修建在沟道中的一类工程,就是在流域的沟道内,选一个合适的位置,横切着沟道修建一个人工土坝工程,这样的工程就叫淤地坝。为何叫“淤地坝”?因为修建这样土坝的原意是通过拦沙,在坝区淤成土地,然后就可以在里面种庄稼了,所以就把这样的坝叫作“淤地坝”。当然了,淤地坝的建设必须符合国家制定的技术标准,要保证一定设计标准下的防洪安全。

修建淤地坝可以起到很大的拦泥淤地作用,把从流域上游冲下来的泥沙和土全部拦在大坝前面,随着时间的流逝,后来的泥沙和黄土向着远离大坝的方向逐渐淤积起来,日积月累,直到最后将这个淤地坝淤积成一块平地。

专家们认为，最好能在一个流域内修很多座淤地坝，形成一个由大大小小的淤地坝所组成的坝群，即“坝系”，这样的拦沙效果会更好。下面的图 5-10 就是一座建在黄土高原丘陵沟壑区的淤地坝。

图 5-10　黄土地区修建的淤地坝

淤地坝是黄河中游水土流失严重地区人民群众在长期的水土流失治理中，探索、创造出来的一种非常有效的治理水土流失的工程。

我们常说“兵来将挡，水来土掩”，在砒砂岩地区，如果套用一下就应该是“沙来坝挡”了吧。

淤地坝在水土保持方面的功效主要体现在两个方面：一方面它能够将降水拦蓄在沟道中，使之不让洪水冲刷沟坡，带走泥沙；另一方面在其库区内蓄积水分，拦蓄的泥沙淤成肥沃的土壤，为植被恢复提供重要的水源和土地，具有很高的经济效益（见图 5-11）。例如，根据绥德县韭园沟流域的调查，淤地坝的粮食产量是山坡同类粮食产量的 5 倍以上，比梯田的粮食产量还增加近 2 倍半。同时，淤地坝的保收率可以达到 90% 以上。

有不少学者和研究机构对砒砂岩地区治理所采用的生物措施及工

程措施的拦沙蓄水效率进行了分析，发现淤地坝拦沙量可以占到小流域水土保持措施总减沙量的60%以上。

图 5-11　淤地坝坝地农田

黄河水利委员会通过对黄河河口镇到龙门区间1989年、1998年的土地面积变更及淤地坝的调查表明，该区间流域内各项水土保持措施建设量占现有保存量(专家们称为“保存率”)分别为：梯田70%、林地53%、草地接近25%、坝地近70%。由此可见，淤地坝相对于其他水土保持措施有较强适应性。

大量的科学试验和实践证明，要想把水土流失控制住，在比较大的沟道里只建淤地坝是不行的，还要有其他措施进行综合治理。如果只是一味地想着将泥沙拦在淤地坝内，而缺乏对淤地坝之上沟道的治理，往往一遇大暴雨，来的泥沙多、洪水多，超过了淤地坝的拦蓄能力，就会发生垮坝现象。因此，如果没有从根本上减少泥沙的来源量，淤地坝的建设并不能减少上游雨水、风、重力对砒砂岩的侵蚀和危害，这些被侵蚀后的砒砂岩在雨水的作用下，形成了高含沙量的洪流，并且日积月累越来越多。当上游的侵蚀一如既往地遭到严重侵蚀，并没有太多的生物等治理措施减少各种侵蚀的发生，只会让更多的泥沙堆积到淤地坝前，直到最后将淤地坝填满，甚至被洪水冲毁。

因此，对小流域的治理除了建设一批能够起到控制性作用的骨干工程，并提高淤地坝的设计标准，还得加强对坡面的治理力度，目的是减少坡面的水土流失。

一批大大小小的淤地坝可以形成坝系。这些坝系使得防洪能力得到进一步加强和提高，同时也让这些淤地坝的运行、管理和维护更加趋于科学有效。

在黄土高原地区，坝系的建设主要以骨干坝为主，平均每个坝系有骨干坝10座左右，中小型淤地坝五六座。骨干坝主要分布在一个小流域的主沟道的上游，以及较大的支沟上，也就是在一个流域的关键位置，它的防洪能力设计为200年一遇到500年一遇的洪水标准，并且一般能够起到上拦下保的作用。尽管如此，随着时间的推移，它们的库容也会逐渐减少。

第六节　谷　坊

另外，还有一种工程措施可以叫作“小淤地坝”，即谷坊。什么是“小淤地坝”？就是建在那些支支岔岔的小沟道内的小型拦沙工程。虽然说谷坊也建在沟道内，但它不完全等同于淤地坝，一是它的坝高很低，大多在3~5米，有的甚至不到1米，拦沙库容规模小，不少不足1立方米；二是建筑材料多样化，不完全是土料，有土谷坊、石谷坊、插柳谷坊、枝梢谷坊、木料谷坊、混凝土谷坊，等等。谷坊的作用也是拦蓄泥沙，减少进入河川的固体径流量；提高侵蚀基准面，防止沟道下切；减缓水流速度，减轻下游山洪灾害等。

对于工程类措施，还有梯田等。梯田是老祖宗发明的，有上千年历史了，在秦汉时期就有了。梯田也是保持水土、提高粮食产量的好措施。据说，与不修梯田的山坡相比，梯田拦截径流量、泥沙量可以达到百分之八九十还多，粮食产量可以成倍增加。

图 5-12　谷坊

第七节　植物柔性坝

经过前面的介绍，现在你可能会想，如果在砒砂岩区建设前面所说的淤地坝、梯田和谷坊，那该多好啊！是的，如果可以，当然再好不过了，不仅可以拦截砒砂岩山坡上产生的粗泥沙进入黄河，还可以形成大片肥沃的坝地，使这里能够生长树木，进行粮食生产和牧草的生产，推动这里的农牧业发展。

可是，这仍然是一个想法。为何这么说呢？因为修建淤地坝首先要有建筑材料，例如黄土、黏土等，但是砒砂岩不能直接作为修建淤地坝的建筑材料。前面有关章节讲过，砒砂岩黏性低，颗粒粗，透水性强，力学性能差，拿它去修建淤地坝的坝体，不稳定，特别是一遇水就容易垮。

修梯田也不行。依现在的技术，在砒砂岩地区是无法实施的，一是砒砂岩区山坡的坡度太陡，不适合人类耕作；二是即使修了梯田，砒砂岩上也难以成活庄稼；三是修了梯田，因为砒砂岩遇水溃散，一下雨，梯田埂是难以保存的，就会溃散垮塌，被水流冲坏。

或许你会说，把覆盖在砒砂岩上面的黄土当成建筑材料不行吗？如果单从满足建坝、建梯田的稳定性来说，当然可以。但是，一是砒砂岩地区的黄土少；二是把覆盖在山顶上的黄土运到沟道里，花费的钱也多，经济上不合理；三是对生态环境造成二次的人为破坏。另外，对于裸露砒砂岩区和覆沙砒砂岩区，也没有黄土，还缺乏建筑材料。

为了解决材料问题，专家们发明了一种叫作“柔性坝”的治理措施。

“柔性坝”是专家们针对砒砂岩地区沟道径流产生大量粗泥沙、暴雨洪水侵蚀严重，而又因缺乏材料不能修建淤地坝的特点，所采取的一项植物构造措施，即在沟道内通过密植植物，形成植物群，进而拦截沟道泥沙、防止沟床下切。

前面说过，砒砂岩地区沟道比降大，沟谷坡脚存在大量非径流产生的松散碎屑堆积坡裙物质，这些物质主要是由于冻融侵蚀和重力侵蚀及风力侵蚀形成的，专家们参考中国太极拳里“以柔克刚”的原理，利用沙棘的枝干构成的柔软工程改变沟壑的输水输沙性能，依靠沙棘一定的行距和株距在沟壑中垂直水流种植，形成既能透水还能溢流的“篱笆墙”，以此达到将泥沙拦截在沟壑中的作用。这样的“篱笆墙”有类似于淤地坝的拦沙功能，故又被称为“植物柔性坝”，由沙棘形成的柔性坝就称为“沙棘柔性坝”。实际上，所谓柔性坝就是在沟道里，选择合适的一段沟道，按一定的株距和行距，种植一定数量的沙棘等形成的植物群。

在砒砂岩地区用来做柔性坝的植物大多是我们在前面所介绍的沙棘。

下图就是拍摄的柔性坝(见图 5-13)。

图 5-13　植物柔性坝

大量的科学试验和观测证明，在沟道内种植沙棘等植物后，只要形成一定的密度和长度的植物群，这些柔性坝不但能够就地拦截粗泥沙，遏制沟壑的大量产沙，以及改变沟道的输沙输水特性，还能起到拦沙、泄流、消峰、溢流、抬高侵蚀基准面及生态恢复于一体的特殊功能。也就是说，洪水泥沙在输移过程中碰到植物群受阻后，流速会减小，泥沙就会淤积在沙棘群丛中，过滤降速后的水流从沙棘植物干枝结构空隙间流出去。当洪水超过沙棘林株顶端时，则压弯沙棘，从倒伏的沙棘上面流过。在过水时，它就像个柔性的篦齿“坝体”。

说到这里，你可能会担心掩埋的沙棘会不会死掉，然后就失效了呢？这你就不必担心了。前面说过，沙棘有强大的克隆功能，同时还有强大的扩散功能。研究发现，就是通过这两种功能，被泥沙埋压的底部沙棘，次年可以长出二层侧根，再向上、向两侧方向发展，是不会死亡的，从而实现柔性坝的持续使用，并能够顺着沟坡向上生长，甚至能够跨越沟壑到另外的侵蚀沟生根发芽。随着时间的推移，沙棘逐年长高，它的身体也越来越大，地下根系结构越来越发达，这样就使得地表冲刷不断地减弱。

1995 年秋季，黄河水利委员会的研究人员在准格尔旗德胜、暖水和西营子三个乡进行了大规模的沙棘柔性坝种植试验。专家们连续 5 年对沙棘柔性坝试验观测显示，在侵蚀沟布设沙棘柔性坝，能够控制流域产沙量的近 90%，是一项多快好省的治理水土流失的措施。

开展的沙棘柔性坝试验还发现，由于构筑坝体的材料是活体沙棘植物，栽种后仍在不断地生长，进而郁闭成林，成为活体柔性坝的一部分，因此沙棘植物柔性坝一个突出的特点便是坝体是动态的，不断在生长过程中变化，规模会逐步地扩大。

研究还发现，沙棘柔性坝的出现，让原本裸露的砒砂岩沟道里出现了生机，还能在沟底形成新的灌草结构，这些灌草结构给生活在砒砂岩区的动物提供了良好的栖息地，伴生植物相竞增多，植被覆盖度提高，当地野生动物也在不断增加。原来当地濒临灭绝的野兔、石鸡、野鸡、黄鼠狼、蛇等野生动物及微生物，还有大雁、麻雀、喜鹊、乌鸦等鸟类逐渐多了起来，形成区域生物链，这些都是生态恢复的良好体现。如果你在有很多植物柔性坝的砒砂岩地区考察，就会看到一些野兔窝，头顶还会有花花绿绿的鸟飞过。

从砒砂岩地区试验的沙棘柔性坝拦沙效果看，每年可以淤积泥沙0.3~0.5米厚。对于一般洪水，可拦截的泥沙量占到该场次洪水泥沙总量的1/4~1/3。而且，拦截的泥沙基本上都是粗的，泥沙粒径0.01~0.1毫米，大于0.05毫米的泥沙占到60%以上，这部分泥沙到了黄河下游就会淤下来，加剧“地上悬河”的发展。

然而遗憾的是，说了这么多，有这么好的措施，却还是难以有效解决砒砂岩地区的泥沙问题。因为它的拦沙能力与淤地坝相比还是很有限的。另外，对大洪水的滞缓作用也很有限。

你可能还会说，既然在沟道里柔性坝的作用有限，如果在沟道上面的山坡上种草、种沙棘，不就可以减少入沟泥沙了吗？这样，在山坡上种树种草，在沟道里建植物柔性坝，结合起来不就可以收到很好的效果了吗？诚然，你说得也很有道理，可是山坡上不少地方都是裸露的砒砂岩，根本就种不活那些植物。

无法种草种树，无法修建淤地坝，植物柔性坝的作用又有限，怎么办？科学家们就不得不另想高招。要知道是何高招，请听下文道来。

第六章
治疗砒砂岩“生态癌症”揭开新篇章

第一节　新篇序

2013 年 2 月 25 日，农历正月十六，到这一天，这一年的春节算是正式过完了。这一天，对于砒砂岩的治理创新来说具有很大意义；这一天，揭开了治疗砒砂岩“生态癌症”的新篇章；这一天，拉开了国家科技支撑计划项目“黄河中游砒砂岩区抗蚀促生技术集成与示范”的序幕。

这是一次治理砒砂岩的新长征。为了探索、创新治理砒砂岩的科学技术，黄河水利科学研究院、东南大学、大连理工大学、北京师范大学、天津城建大学、郑州大学、河南大学、北京亚盟达新型材料技术有限公司等多家单位组成了研发力量强大的科研团队，集中优势“兵力”，对砒砂岩治理的技术进行突破创新。

这一天，承担着国家科技支撑计划项目研究任务的专家们，联合组成科学考察组，对位于准格尔旗的砒砂岩进行系统调查。知己知彼，方能百战百胜，这是对砒砂岩进行集中攻坚战的前奏。

作为一次摸底和寻找战场的侦探工作，此行的目的是考察砒砂岩的分布格局、砒砂岩地区的水土流失现状与危害、砒砂岩地区现有水土流失治理措施、不同类型区的治理途径、存在的问题等。

同时，还要开展野外科学试验选点，项目配套试验基础设施建设选址与施工难度、试验区地貌多样性和代表性的调研分析，以及考察项目实施与当地拦沙工程建设规划的匹配度等诸多任务。

在近10天的调研期间，调研组行程1000多千米，拍摄考察照片近万张，收集到了丰富的数据和图像资料。同时，调研组采取座谈、现场查勘、资料收集等方式，先后召开座谈会5次，参加座谈会达百余人次，对砒砂岩的水土流失现状和目前治理措施等进行了广泛的调研和研讨，同时也对项目试验区选点作了深入的研究和讨论。

下图是项目组专家白天考察完后，连夜召开的研讨会(见图6-1)。

图6-1　专家们召开考察研讨会

项目组专家亲密接触砒砂岩，详尽考问砒砂岩，对这个地区的砒砂岩有了比较深刻的了解(见图6-2)。

对于砒砂岩的震撼，只有到了砒砂岩区才会真正感受到。对于那些没有见过砒砂岩的人来说，这里沟壑纵横，植被稀少，相当荒凉。但是当你看到荒凉的地表下那一层层的岩石时，这种像五花肉一样的地质形态肯定会让你暂时忘记你是在一个人烟罕至的地方，你会惊叹大自然的鬼斧神工，惊叹眼前这难得一见的地域奇观。为此，很多当地的文人骚客写下了不少的赞美文字，我们就不一一赘述了。

图 6-2　专家们考察砒砂岩

然而，对于这次前来调研的专家们来说，面前沟壑纵横的砒砂岩并不让他们兴奋，更多的是压在心头的重担——该如何治理。正如有的专家所说，在摄影家那里，砒砂岩色彩斑斓，神奇壮观，但对于搞水土保持、生态的人来说，内心是极为纠结和刺痛的，这里的生态环境太恶劣，给当地群众造成了多么大的灾难啊！

正月的砒砂岩地区还很冷，根据当地的习俗，正月十六的元宵节到二月初二都是春节，所以当时考察的时候还在节日期间。但是准格尔旗水土保持局的领导和专家、准格尔旗暖水乡负责水土保持工作的领导一直陪着专家们前往各地调研，为这个项目的顺利开展提供了详细的基础资料，为项目的实施打下良好的基础。

在考察的路上，一行十余辆越野车在地形复杂的砒砂岩地区小心地行驶着。开车的司机师傅说，砒砂岩盘旋的山路，窄的地方不足一车宽，在这样的路上行驶，外侧的车胎有一半在路面，而另一半悬在半空中，连当地人都宁愿下车也不敢坐车。然而，专家们一会儿看着车外的砒砂岩凝神深思，一会儿提醒司机小心驾驶、谨慎慢行。

在考察的过程中，有很多地方是越野车也无法通过的地方，考察成员就徒步穿越，一路前行。考察的很多地方，长期人迹罕至，连一条路都没有，成员们就沿着陡峭山坡小心谨慎地一步步试探着往前走，有时不得不用手撑着地，慢慢地挪着走。有的专家在采集砒砂岩样本时，一不小心就会掉进没膝深的侵蚀洞里。

在白家沟小流域沟口，当地群众用沟道汇入河道处的三角洲沉积物修建了一座淤地坝，在坝前由于雨水的积聚形成了一个面积较大的水塘(见图 6-3)。由于当时尚处于冬天，所以水塘上还结着厚厚的冰。

图 6-3　结冰的淤地坝

为了缩短行程，缩短行走里程，在经验丰富的当地专家的统一指挥下，考察队员们小心翼翼地穿过了数百米长的冰面，心中留下了被冰雪覆盖的砒砂岩区美丽的风景(见图 6-4)。

图 6-4　专家们考察中经过淤地坝冰面

经过几天的考察,专家们最后来到了位于准格尔旗暖水乡的二老虎沟小流域。

这个小流域面积 1.06 平方千米,砒砂岩大量裸露,坡面很具有代表性,不仅建坝的条件非常好,观测条件也很容易实现。同时,这条小流域正好位于准格尔旗砒砂岩区水土保持科技示范园内。在项目实施过程中,协调与地方的关系也比较容易,具备了进行示范的良好条件。同时,准格尔旗原来也准备在这里建设一座淤地坝,拦截二老虎沟侵蚀产生的泥沙,是开展示范研究的理想地方。这个地方的不利条件是:交通不便,如果经常进入,需要修建施工便道;没有水电设施,生活条件不便利。

在进行充分论证和利弊权衡之后,专家们以科学研究为重,决定将砒砂岩攻坚战的战场就定在这个生活条件不便利的二老虎沟小流域。也就是从那天开始,项目组和二老虎沟结下了不解之缘。

第二节　二老虎沟、暖水乡及沙圪堵镇

二老虎沟位于暖水乡的准格尔旗砒砂岩区水土保持科技示范园内，属于皇甫川流域纳林川上游右岸二级支流沟圪秋沟的支沟（见图 6-5），这里地形破碎，砒砂岩严重裸露，区内寒暑变化剧烈，冬季漫长而寒冷，夏季温热而短暂，温差较大，冬春季节多风沙。全年降水量少而不均，降雨集中，历时短，强度大，且多以暴雨形式出现，河水具暴涨暴落的特点。年平均气温 7.3℃，极端最高气温 38.3℃（发生在 1967 年），极端最低气温为-31.4℃（发生在 1962 年）。

关于这个二老虎沟，当地人说是清末民初的时候，沟里住过一个人叫魏二老虎，因此这个沟得名“二老虎沟”。

从 2007 年开始，特别是从 2009 年被确定为暖水乡生态自然恢复区建设试点以来，暖水乡已经进行了生态移民，所以在项目的实施地找不到一户人家，项目组成员不得不每天往返于二老虎沟和暖水乡或者沙圪

堵镇之间。暖水乡和沙圪堵镇都是准格尔旗的乡镇。

图 6–5 二老虎沟局部鸟瞰图

暖水乡古称暖水镇，有近百年的历史，在清朝时便是商贾云集的准格尔旗五大商镇之一。它的名字来自该地的一汪泉水。在原暖水镇政府的西北 3 里路的地方，有一道深涧，涧中有很多大小不等的水泉，其中有一眼温泉粗如碗口，汩汩上涌。冬季，泉水热气腾腾，从不结冰，人称之为“暖水”。这个“暖水”清澈甘甜，一年四季长流不息，潺潺的泉流汇入大川，于是便有了“暖水川”的名字，附近的小镇也因而起名“暖水镇”。

当地人称，暖水泉是温泉，经内蒙古自治区地质科学研究所和北京市海淀区自然资源开发研究所依据国家标准检测鉴定，暖水河与邻近的水泉沟、贺家沟三条河的河水中均含有人体所需要的多种稀有营养成分。其中暖水泉矿泉水中微量元素锶的含量为 0.35~0.55 毫克/升，偏硅酸含量为 13.62~19.5 毫克/升。此外还含有锂、锌、硒等对人体有益的微量元素，鉴定结论为“含锶重碳酸钙镁型饮用天然矿泉水”。

多少年来，这股泉水滋润了暖水川两岸的沃土，使这里成为良田广袤、绿树成荫的美丽山乡。

然而，暖水乡的很多地方还是砒砂岩区，由于一半以上的地方不适合人居住，当地政府将 13000 多人从砒砂岩区迁移出去，定居在暖水乡、薛家湾和沙圪堵等地的安置小区里。

自此，暖水乡拉开了砒砂岩区生态治理的大序幕。到 2011 年，暖水乡采取油松封顶、杏树环腰、沙棘封沟的立体防治法，已实现全乡生态造林面积近 50 万亩，基本达成了“人退林进，人移增收”的预定目标。由于水土保持及生态建设业绩突出，暖水乡所属的准格尔旗还被命名为全国水土保持生态文明县(旗)。

与暖水乡相邻的沙圪堵镇是项目组专家常住的地方。这个面积达到 1500 多平方千米的乡镇是准格尔旗第二大镇，也是准格尔旗西部和南部最大的城镇，跟暖水乡一样，这个始建于 1917 年的城镇也将迎来它的百年华诞。

圪堵是当地的方言，大概的意思是土堆或者隆起的包、丘。与沙组合在一起，就是沙堆、沙丘、沙梁的意思。

当地历史记载，1917 年，由时任伊克昭盟鄂尔多斯左翼前旗东协理台吉镇国公孛儿只斤·那森达赖主持兴建，又称为那公镇。下面这张年代久远的照片就是那森达赖全家照，在这张照片中，后排中间坐者就是那森达赖(见图 6-6)。

图 6-6　那森达赖全家照

同它的名字一样，最初，沙圪堵是有许多坟地的黄沙漫漫的旷野，有车马店，供路人憩息用。而所谓的路人，多为走西口的山西人，渐渐形成集镇，初建于民国七、八年。当时的王爷府在与沙圪堵一河之隔的杨家湾，地势平缓而低，所以当地的漫瀚调就唱到：沙圪堵点灯杨家湾明，二少爷招兵活撒撒人。

说起漫瀚调，翻译成汉语就是沙漠调，是发祥于准格尔旗的一种民歌形式。2007 年准格尔旗漫瀚调被内蒙古自治区确定为第一批区级非物质文化遗产，2008 年被国务院批准列为第二批国家级非物质文化遗产名录。下面两张照片就是漫瀚调的演出现场(见图 6–7、图 6–8)，图 6–7 是室外演出，图 6–8 是室内演出。

图 6–7　漫瀚调的演出室外现场图

图 6–8　漫瀚调的演出室内现场图

漫瀚调歌曲的曲式是最小的,它多数是由 2 个或 4 个乐句构成的单乐段,也有极少数 3 个乐句或 5 个乐句结构的扩充乐段。从曲式结构上来看,都属于简单的一部结构,所以结构的完整性和周期性是其一大特点。漫瀚调歌曲目前所用调式有羽、宫、徵、商四种,其中羽调式的歌曲最多,大约占到 1/3,其次是宫调式和徵调式,再次是商调式。

漫瀚调的一个特点是音域非常宽广, 另一个特点是旋律音程跳动大,特别是 6 度、7 度和 8 度的大跳,用得最多的是 9 度、10 度和 11 度,12 度的大跳也会出现。大跳多、音域广、回旋余地大,自然表现力也就强。因此,漫瀚调可以表达热情奔放、激情高昂的炽烈情感,也可以塑造舒展洒脱和深沉委婉的音乐形象。如果不是在现场,你难以感受到那种让你醍醐灌顶的高亢,也感受不到让你骨软筋酥的温柔。

据历史记载,漫瀚调第一次登上大雅之堂是在 1696 年,那一年康熙率军西征,在进入准格尔后,受到当地王公贵族的隆重迎驾。在当天晚上的酒宴上,漫瀚调让远行的康熙引发了幽思,也让这位千古帝王平添了不少人生的感慨。想必这就是漫瀚调的神奇魅力吧!

第三节　项目的科学研究目标

针对砒砂岩区水土流失治理、生态修复靠常规措施治理效果不佳的问题，以及该区退化植被修复迫切的需求，这个“十二五”国家科技支撑计划项目的专家们，瞅准实践需求的关键科学技术问题，制定的研究目标是：通过对基于抗蚀促生技术的砒砂岩特性及侵蚀过程研究，揭示砒砂岩与抗蚀促生材料的亲和机理，建立砒砂岩特性及侵蚀基础数据库；研发砒砂岩固结促生和砒砂岩原岩改性等核心技术，并建立示范工程；提出砒砂岩地区抗蚀促生措施立体配置模式，形成抗蚀促生集成技术系统；建立砒砂岩地区抗蚀促生技术示范区监测评估方法和抗蚀促生综合效益预测模型，提出抗蚀促生立体配置优化模式。这些专业术语可能让你一下子难以明白，其实说通俗了，就是要为砒砂岩这个“地球生态癌症”把脉，探索一套新疗法，把砒砂岩变成“山清水秀”的健康生态区。

别看是简单的几行字，却包含了砒砂岩侵蚀发生的理论基础、退化植被修复与土壤侵蚀防治技术、砒砂岩改性技术，以及技术集成与应用示范等四个方面的研究。而为了完成这个要求，能够按时完成既定目标任务，项目组还创新了一种混联驱动管理模式。

创立这个模式也是有前提的。一个科研项目往往有好几个课题组成，这些课题之间既相互连贯又相互依存。但在时间尺度上又难于衔接，如项目最后的课题往往是收官课题，要以其他课题成果为基础才能完成目标，但当其他课题成果完成后，最后的收官课题已没有时间做了，这严重影响了科研项目的成果质量，这是目前科研项目实施中存在的通病。

针对科研项目的这个“通病”，项目组探索建立一个以项目任务书的约束性指标和预期性指标为牵引，项目首席科学家为核心，项目办公室为督导驱动源，课题自动与联动响应为主线，成果信息同步共享为基本原则的项目混联驱动管理模式。

这个模式主要包括七项措施：建立有效运行的项目办公室，召开有督导作用的项目年会与课题工作会，利用示范基地平台，强化信息共享与工作进展通报，做好微信平台，主动利用媒体正面导向，建立心灵交流的深厚情感。这个创新管理模式，为保证项目研究目标的实现，保证成果质量，发挥了不小的作用。

第七章 把砒砂岩的性格改一改

2016 年 4 月 29 日，几十块从大连理工大学背到砒砂岩区二老虎沟的砖被永久砌在了用改性砒砂岩材料修建的淤地坝坝前。这些砖可不是普通的砖块，所用的材料就是从二老虎沟取的砒砂岩。把这些砒砂岩运到大连理工大学后，经过一系列的化学处理、加工，最终变成了眼前的这些硬邦邦的砖(见图 7-1)。

图 7-1　把砒砂岩改性制成的砖

通过前面的介绍，我们已经对砒砂岩有了很清晰的了解，要想用它建一座淤地坝，那是绝对不行的，它遇水就溃散的机理让你费心建设的大坝，在数分钟内就可能坍塌，最后是不仅会让施工的钱打水漂，还会造成洪水灾害，对坝下游的人身、财产安全构成威胁，并会加剧将粗泥沙输送到黄河里。

然而，科学的魅力就在于"明知山有虎，偏向虎山行"，国家项目研发团队开始向砒砂岩的资源化利用发起了总攻。这一次，他们的目标是充分利用这种看似百无一处的砒砂岩，将它进行改性，也就是把砒砂岩见水就崩解、黏性低、力学强度小的脾气和性格改一改，把砒砂岩当作资源利用起来。

第一节　探究砒砂岩膨胀原理

中国有句古话,知己知彼,百战不殆。对于准备向砒砂岩开展总攻的这支团队来说,道理也是一样的。

之前,我们已经用了大量篇幅来介绍砒砂岩遇水崩散的成因,主要是砒砂岩的成分组成比较复杂,成分之间的连接不稳定,并且砒砂岩中还存在着诸如氧化钙、氧化钠和氧化钾等活性物质,这些物质遇水后发生强烈反应,直接导致了砒砂岩的崩散。

我们也对砒砂岩的组成进行过详细的介绍,它含有石英、钾长石、斜长石、方解石、白云石、钙蒙脱石、高岭石等,对这些成分的性质也有了一定的了解。

可是溃散的原理到底是什么?

综合国内相关学者的研究成果,目前似乎还没有人对砒砂岩遇水溃散的原理进行过权威的论证。在没有弄清楚原理之前,就不可能通过改性把砒砂岩当作资源利用,就是治理起来也是一件不可能的事情。

在看到这样的一种现状后,专家们从基础研究工作开始,利用了两年多的时间,用了上千次试验,终于找到了让砒砂岩遇水溃散的原理。

原来是砒砂岩中的一种石头成分在作怪。

这个家伙就是蒙脱石!

为了看透这个家伙在砒砂岩遇水溃散中起到的作用, 专家们可是花了不少的心思。

首先,得把从二老虎沟运来的砒砂岩粉碎,再将不同的成分一一分开,然后对其进行分别的研究。在前人研究的基础上,这个团队的专家终于找到了导致砒砂岩溃散的原理,而且建立了模型,这样就可以对症下药,进行改性了。

先讲讲蒙脱石的来源。

对于这个蒙脱石,我们在本书的开始,在简述砒砂岩成分时已简单介绍了。可事到如今,既然这个家伙是导致砒砂岩溃散的主要原因,那么我们就有必要去挖一挖它的老底, 看一看它究竟是何方神圣变化而来的。

根据专家们解释,砒砂岩中的蒙脱石等黏土矿物,主要是由长石和其他的不稳定矿物与水圈的相互作用而形成的。

黏土矿物的成因机制一般分为两种:一种是新成黏土矿物,它是直接从溶液中沉淀形成的;另一种是变成黏土矿物,它是新形成的黏土矿物继承了原有矿物。黏土矿物的来源主要有三种:第一种是土壤及风化岩;第二种是由热液、温泉形成的岩脉、矿脉及其蚀变围岩,所谓“围岩”就是相对某种地壳物质周围的岩石;第三种就是现代沉积物和沉积岩。

大自然的力量总是超出我们的想象, 似乎在它的谈笑间就能让很多事情神奇发生,当然对于黏土矿物的形成来说,大自然的神来之笔主要包括:风化作用(风化黏土矿物)、热液温泉作用(蚀变黏土矿物)和沉积作用、成岩作用(自生黏土矿物、成岩黏土矿物)。

在地表或接近地表的黏土,大多由风化作用而来。风化作用一般又可分为三种类型:物理风化作用、化学风化作用和生物风化作用。

物理风化作用指的是在地表或近地表条件下,岩石、矿物在原地产生机械破碎而不改变其化学成分的过程。物理风化作用一般是纯机械作用,它使岩石破碎成粗细不等、棱角分明的碎屑,但化学成分没有变化。

化学风化作用指的是在地表或近地表条件下,岩石、矿物在原地发生化学变化并可产生新矿物的过程。引起化学风化作用的主要原因是氧和水溶液,形成黏土矿物的化学风化作用方式主要是水解作用和阳离子交换作用等。

生物风化作用指的是生物对岩石、矿物的破坏作用,例如,根系生长引起的破坏作用等,这种作用可能是机械的,也可能是化学的。

在了解了上述三种自然力作用后,科学家通过研究得知,砒砂岩中的蒙脱石等黏土矿物,主要是因长石发生化学作用而形成的。下面,是科学家为我们复原蒙脱石的形成过程:

在水解作用下,钾长石(分子式 $KAlSi_3O_8$)通过化学反应生成了伊利石(分子式 $KAl_5Si_7O_{20}(OH)_4$),伊利石在生成的过程中,由于析出了钾离子,形成了碱性环境,因此伊利石在这种碱性环境中进一步水解,形成了贝得石和高岭石。高岭石通过吸附阳离子或者通过阳离子交换,进而水解形成了蒙脱石(分子式 $(Ca,Na,K)(Six,Alz)(Aly,Mgm)O_{10}(OH)_2$)。此外,砂岩中有一定量的云母,而云母在一定条件下也可通过水解风化作用,进而转化为成蒙脱石。

我们再来了解蒙脱石膨胀原理。

为了更深入地了解蒙脱石的膨胀原理，专家们首先从理论的角度出发，建立了蒙脱石的膨胀模型。这个模型是从数学的推算开始的，经过了一系列的推算，首先找到了影响蒙脱石膨胀力的主要因素：晶层表面电荷的密度、离子的半径、晶层外溶液的浓度、晶层内电荷的位置等。

下面就给大家简单讲讲这几个因素。

首先说说这个晶层。大家都知道，组成物质的最基本单元是原子，原子和原子之间通过各种键和力的作用，组成分子。这个晶层就是由分子组成的，只不过由原子组成的分子，在形成更大的物质的时候，不是无序地叠加，而是形成一张纸样的平面，这些由分子组成的平面就叫作晶层。

说完了晶层，就来说说这个晶层膨胀的原理。大家知道，由原子构成的分子是带有正电荷和负电荷的，也就是说，这些分子是带电的离子，如果没有外界的干扰，它们会很安静地处于一种相对平衡状态，形成一个安稳的“小家”。然而当有水侵入时，这种平衡就被打破了。

水的入侵策略是，先在晶层外部进行攻击，千方百计找到突破口，然后再打到晶层内部去。在晶层之间的那些金属阳离子，也就是我们前面说的砒砂岩中存在的那些诸如钙、钾、钠等金属阳离子，它们的浓度要高于晶层外进行入侵的水的离子浓度。根据渗透的原理，这时水就能突破晶层防线，来到晶层之间，就会破坏砒砂岩那些金属阳离子所组成的安逸小窝，并和这些金属阳离子发生结合，组成一种叫“水化膜”的东西。

当然，由于水和金属阳离子的结合形成的水化膜，直接导致晶层之间的空隙变得紧张起来，在这种情况下，晶层只有一条路可以走，那就是发生膨胀。就像两页纸之间，如果我们硬塞进一个东西，这两页纸就不能保持原来的形状，就只能呈现出外凸的样子。而这种外凸对晶层来说,就是一个膨胀的过程。但是这仅仅是一个微小的膨胀过程。

然而,当这个微小的晶层膨胀过程发生之后,一连串的反应也就开始了。就像是一张张已经摆好的多米诺骨牌,这个晶层膨胀是第一张倒下的骨牌,它并不能产生蒙脱石的膨胀主动力,导致蒙脱石产生剧烈膨胀的是后面的一张张骨牌倒下产生的。

专家们称这个过程为“长程膨胀”。

当水化膜产生之后,金属阳离子被水包裹在里面,相当于金属阳离子穿了一件游泳衣在不断渗透到晶层中间的水中来回游动。

由于晶层内的金属阳离子形成的溶液体积不断在增多，由此形成的晶层内外溶液差产生的渗透压力也在不断加强，这种渗透压使得晶层外的水还在源源不断地进入晶层中。

这时,砒砂岩的金属离子与水分子发生一种联结关系,专家们把这个联结关系称作“络合”。通过络合生成络离子。经这种络合过程生成的络离子又被称作水合离子。蒙脱石的晶层间存在的引力和斥力就开始发挥作用了。水合金属阳离子之间产生了另外两种作用力，一个是引力,一个是斥力。然而,这两种力有着量级上的差异,引力是平方级的,而斥力是立方级的,所以斥力显现出来的要比引力大得多。

于是在渗透压的作用下，水合金属阳离子之间的作用力也变得越来越强,当晶层里外的压力平衡被打破之后,晶层里的压力就冲破晶层的局限,最终导致蒙脱石晶层的破坏。

试验数据显示，蒙脱石遇水膨胀最高能够达到自身体积的 30 倍。因此，在想把砒砂岩这种岩石作为一种资源利用，就得利用科学的方法,让它的膨胀得到抑制。对于这方面的作用,后面会一一详述。

第三,说说建立的蒙脱石膨胀原理的物理模型。

虽然找到了砒砂岩中蒙脱石遇水溃散的原因，但是对于砒砂岩这种岩石来说,需要探究的科学问题还没有完全解决。

因为砒砂岩的成分组成非常多,从它的矿物组成、颗粒分布胶结形式以及膨胀机理上不难看出,砒砂岩主要是以原生矿物石英、长石、碳酸盐等颗粒物为骨架,次生黏土矿物蒙脱石、高岭石、伊利石、云母等为填充物,游离氧化物(氧化铁等)和填充物为胶结物的一种多孔隙的特殊泥岩、泥砂岩。

因此,专家们决定将砒砂岩视为一种以黏土矿物蒙脱石等为膨胀源,以游离氧化铁将石英、长石、碳酸盐等颗粒物胶结在一起组成的包裹物为约束环的程式。要揭开这程式演绎的规律,得有一个科学工具,于是,专家们建立了一个如下模型(见图 7-2)。

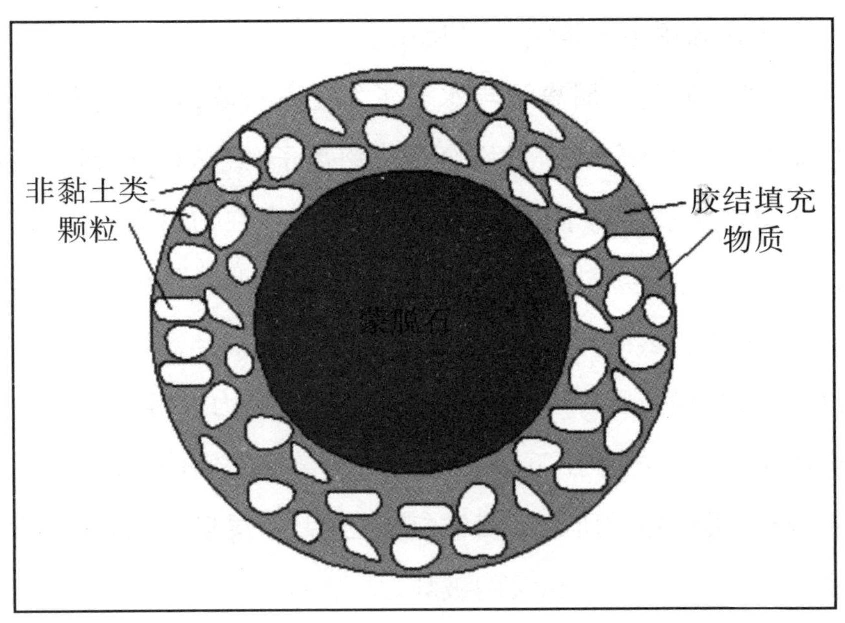

图 7-2　蒙脱石膨胀原理模型

通过上面这个模型工具可以很清晰地看到,导致砒砂岩发生膨胀的主要原因就是其孔隙填充物中的蒙脱石吸水膨胀引起的。

在明白这个道理之后,我们可以打个比方:在一个群体中,平时大家都是相安无事的,为人处世也相当和谐。可是有一天,忽然来了一笔巨款,群体里只有少部分人知道了有这笔巨款的消息。

因此,为了得到这笔巨款,这少部分人就开始处心积虑地想办法,一点点地将这些钱装进自己的腰包。当自己的腰包开始变得鼓起来的时候,他们的内心就产生了私欲的膨胀,进而开始对身边原来的那些人左看不顺眼,右看不顺眼,于是没事就挑三拣四,导致大家之间的矛盾从零开始逐渐多了起来。最后,当这笔巨款被少部分人完全装进腰包的时候,原来维系大家和谐相处的纽带就完全消失了,这个群体很快就发生了崩裂,最后如鸟兽散,各奔东西。

其实在这个简单的故事里,这个群体就相当于砒砂岩,这笔巨款就相当于侵蚀砒砂岩的水,少部分人就是蒙脱石,而维系这个群体原先存在的就相当于我们下面要说的砒砂岩各个组分之间的胶结物。

其实,无论是对自然事物还是对人类社会来说,维系物质与物质之间、人和人之间的那种说是力量也好,纽带也罢是非常重要的,就像两个毫无关系的塑料片一样,如果没有“哥俩好”“502”这样的粘合剂,它们永远都不会粘结在一起,进而实现我们使用它们的目的。

砒砂岩也是一样,它之所以发生溃散,之所以遇水就如此快地发生变化,蒙脱石显然是脱不了干系的,而其他组分之间的胶结物遇水发生一些变化,也是诱导分崩离析的因素。

试验结果显示, 砒砂岩的溃散主要是其中的黏土矿物吸水发生体积膨胀, 而当砒砂岩本身由游离氧化物胶结所带来的约束力不能有效约束蒙脱石膨胀产生的扩张力时, 砒砂岩总体上便呈现出遇水膨胀的特性。

这句话的意思简单来说就是,蒙脱石遇水迅速膨胀的力量,打破了砒砂岩各个组分之间的胶结力,是砒砂岩遇水溃散的主要原因。再回归到上面的比方,极少数有私欲的人在巨款的诱惑下,破坏了维系一个群体存在的纽带，导致群体的消失。

我们通过打比方知道了一个群体的消失过程，下面我们就来看看砒砂岩遇水溃散的过程，是不是和上面的比方有异曲同工之妙呢？

下面先看一张图，通过这张图我们能够很清晰地看到水是如何在短时间内击溃砒砂岩这种岩石的（见图7–3）。

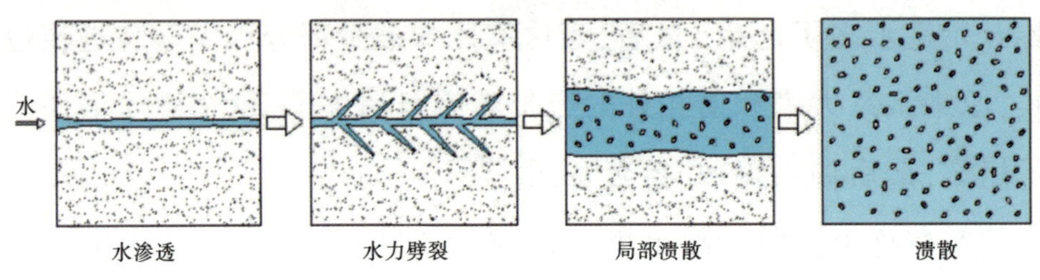

图7–3 砒砂岩溃散模型

首先是水流少量渗入阶段。在这个阶段里，蒙脱石处于微润状态。潮湿的环境下，少量的水从砒砂岩粗大孔隙中渗入砒砂岩中，这些水分会被填充在孔隙中的黏土填充物完全吸收，黏土物质表面刚刚湿润，还未进入膨胀阶段，水分只渗入到砒砂岩的表层，砒砂岩内部依然干燥。

其次是进入水力劈裂阶段，这个阶段蒙脱石处于吸水膨胀阶段。持续的水分通过粗大孔隙持续渗入砒砂岩，填充在孔隙中的黏土物质被充分浸湿，黏土矿物中的蒙脱石吸水开始膨胀，膨胀的蒙脱石把粗大颗粒间的孔隙完全填充满，持续吸水膨胀的蒙脱石楔入粗大颗粒之间，蒙脱石膨胀产生的楔入力与粗大颗粒间的胶结力刚好达到维持平衡状态，膨胀力与胶结力处于从平衡状态向失稳状态，颗粒间的约束力丧失，砒砂岩表层的颗粒开始剥落。

再次是砒砂岩进入局部溃散阶段。这个阶段里，砒砂岩表层开始剥落，水流持续渗入，深入到砒砂岩的内部，在蒙脱石膨胀力作用下，颗粒间的胶结约束作用无法抵抗蒙脱石的膨胀作用而遭到破坏，颗粒间失去连接，砒砂岩内部局部发生溃散，形成渗流通道，局部的溃散会促使孔隙进一步增大，水分更易进入，通道孔壁上的颗粒不断剥落被水流带走，砒砂岩局部溃散逐渐发展，开始有块体状剥落，甚至胀裂为数块。

最后就是砒砂岩的全部溃散阶段。通过这个过程，砒砂岩发生块状剥落，胀裂为数个小块，这些小块进一步崩解碎散成更小的小块和散粒，砒砂岩全部溃散，失去块体结构，直至最终散落成一堆散沙。

第二节　测取蒙脱石的特征数据

有时候，我们会遇到这样的情况：在黑夜里前行，之前已经知道我们要去的路上有个深沟拦着去路，但是我们对这个深沟并不了解。因此，为了越过这个深沟，我们决定来到深沟的跟前，对深沟的深度、宽度和周围的状况进行详细的了解，并测量它们的数据，最后，决定在深沟上架一座桥，好让我们能够安全通过这个深沟。

实际上，如果说得通俗点，基础科研的重要性就好比是上面我们说的深夜前行遇到了深沟，然后对深沟进行了详细的了解和测量。一样的道理，要实现砒砂岩的改性，光认识遇水膨胀的原理还不行，还必须获取大量的科学数据，就好比摸准敌情，探明敌方有多少兵力、埋伏地点，以及武器数量和武器配备情况等，才能制定出科学的作战方案，以达到改性砒砂岩的战斗目标。

首先，要对砒砂岩进行提纯。

对专家来说,要想定量认识蒙脱石的脾气,必须先从把这种东西从砒砂岩里提取出来开始。

这个过程是这样的:先将取回的砒砂岩经人工破碎成沙,使用方孔筛去除掉大的石英颗粒,将破碎后的砒砂岩放入烘箱内烘干。然后将破碎好的颗粒分散在蒸馏水中,拌制成悬浊液,搅拌并充分静置。这个过程是为了使黏土得到充分浸泡,使相对粗大难以溶于蒸馏水中的颗粒沉淀下来。

再反复上述过程数次,使黏土充分分散,再将悬浊液过筛后进行超声波分散,将分散好的悬浊液转入试管中。最后再使用离心机进行固液分离。将离心试管上层中的清液倒掉,将试管底部的固体取出放入烧杯中,然后放入烘箱中烘干并破碎粉磨成粉状样品,这个样品就是我们要找的蒙脱石。

下一步就是测定敌方的军事部署参数。

既然知道了蒙脱石具有明显的遇水膨胀的特性,那么它的这个膨胀程度到底有多少呢?

这个东西是算不出来的,唯一的办法就是实验测定。取 2 克蒙脱石,按国家制定的操作技术规程加入装好蒸馏水的量筒中,静置 24 小时后,测定蒙脱石膨胀所占的体积,专家们称之为膨胀容,它是评价蒙脱石属性的指标之一。实验测量结果显示,白色和红色砒砂岩中蒙脱石的膨胀容分别为 5.2 毫升/克和 5.1 毫升/克。

知晓了蒙脱石的膨胀程度,下面要对其氧化物成分进行进一步的测定。利用 X 射线荧光发射谱分析仪,对蒙脱石的氧化物成分进行分析发现,蒙脱石的氧化物成分主要为二氧化硅(SiO_2)、三氧化二铝(Al_2O_3)和三氧化二铁(Fe_2O_3),其中二氧化硅(SiO_2)的含量最高。白色砒砂岩中蒙脱石的二氧化硅(SiO_2)的含量在 62%左右,红色砒砂岩中蒙脱石的二氧化硅含量在55%左右。其次为三氧化二铝(Al_2O_3),两者含量均在20%左右,三氧化二铁(Fe_2O_3)的含量二者差异较大,白色砒砂岩中蒙脱石的三氧化二铁(Fe_2O_3)含量为5%左右,而红色的含量则为11%左右,三氧化二铁(Fe_2O_3)含量的差异也是致使两种砒砂岩颜色差异较大的主要原因。其余氧化物的含量均在6%以内,且两者间含量差异不大。

此外,经过测定,白色和红色砒砂岩中蒙脱石都属于钙基蒙脱石。砒砂岩中蒙脱石与普通的蒙脱石的氧化物组成相比,三氧化二铁(Fe_2O_3)的含量差别较大,普通的其含量平均不到4%,而砒砂岩中的含量则高于这个数值,白色砒砂岩中蒙脱石的三氧化二铁(Fe_2O_3)的含量为5%,而红色砒砂岩蒙脱石中的更是高达11%,其次是氧化钙(CaO)和氧化镁(MgO)的含量,也都略高于普通蒙脱石。

实验进行到这阶段,可以说是深夜里的探索已经看到了黎明的曙光,把敌方的兵力摸得比较准确了。然而,这个时候,想要真正去触摸早晨那灿烂的阳光,对敌人发起攻击,还有一个比较重要的步骤必须解决。

这个步骤就是搞清楚蒙脱石的分子结构式,也就相当于敌人的兵力组成。

在实验的基础上,辅以推算,终于算出了白色砒砂岩中蒙脱石的分子结构式为:

$Ca_{0.43}Mg_{0.23}Na_{0.15}K_{0.04}(Si_{7.69}Al_{0.31})(Al_{2.64}Fe_{0.48}Mg_{0.71})O_{20}(OH)_4$

红色砒砂岩中蒙脱石的分子结构式为:

$Ca_{0.61}Mg_{0.22}Na_{0.09}K_{0.05}(Si_{7.11}Al_{0.89})(Al_{2.04}Fe_{1.07}Mg_{0.90})O_{20}(OH)_4$

同时,通过研究,专家们还发现,砒砂岩中蒙脱石晶层间吸附的金属阳离子种类较多,结构较为复杂。通过对比白色和红色砒砂岩中蒙脱石的分子结构式可以看出,二者差别并不明显,在层间吸附金属阳离子方面,红色蒙脱石晶层间吸附了更多的金属钙离子,而白色蒙脱石钠离子相对多一点。同时,红色蒙脱石中铁离子的含量明显高于白色蒙脱石中的,是引起两种砒砂岩颜色上呈现出明显差异的主要原因。

第三节　对砒砂岩进行改性

研究实验进行到了这个时候，就像一个深夜探索的人，在黎明降临之时，忽然看到了清晨的阳光，侧耳听到了鸟儿那清脆的鸣叫，沐浴着清晨的微风，抚摩着树叶上的甘露，放眼望去是一条铺满鲜花的光明大道。

这就是寂寞实验室里声声尖叫后的豁然开朗，也是从事科学研究的成就感所在！

然而，柳暗花明只是科学探索道路上的一个阶段，又一村也是科学研究途中的一次短暂停留。科学事业就是一次次探险或者登山，经过一个风景还得走向下一个风景，走过一个山峰还得走向下一个山峰。

对于砒砂岩的研究来说，找到了蒙脱石膨胀的原理，就得对它的应用开展进一步的探索。就像是找到了一匹野马，了解了它的习性，但是最后得让它能拉货。对砒砂岩的研究就是这样的，即使它的脾气再坏，也得发挥资源存在的价值。

首先要解决如何抑制膨胀。

对于砒砂岩的资源利用,所有的问题都集中在一个上面,那就是如何抑制遇水溃散的问题。前面说了,专家们通过反复研究,找到了砒砂岩膨胀主要在于蒙脱石遇水膨胀的原因, 以及砒砂岩各组成成分的胶结物遇水后胶结能力减弱的原理。

因此,首先就要从能够减少或者杜绝蒙脱石的膨胀开始,解决抑制胶结物胶结能力的减弱问题,下面会一一逐步详细介绍。

实验数据显示,砒砂岩中蒙脱石的含量一般是5%~30%。不同颜色砒砂岩中蒙脱石的含量不尽相同,灰白色砒砂岩蒙脱石含量在20%左右,紫红色砒砂岩蒙脱石含量在16%左右,灰白紫红相间砒砂岩蒙脱石含量不足25%。

看到这个比例,我们心里还是不禁打起鼓来:如此高的含量,又是跟其他的成分混合在一起,难道也像上面实验室里进行的步骤一样先分离提纯,再进行利用吗?

科学的神奇有时候就体现在这个方面, 它的运行轨迹有时候会跳出我们的传统思维,实现其最终的目的。对于蒙脱石的膨胀抑制机理,也是这样。

既然都被猜出来了,那就开工吧。建立模型,就好比建立一个战场的沙盘,然后推公式,做实验!

如果将砒砂岩从结构组成上划分,大致可以分为三类:首先是石英、长石和碳酸盐等结晶较好较粗大的颗粒物,这些颗粒物组成了砒砂岩的骨架;其次是蒙脱石、高岭石、伊利石、云母等风化黏土物质组成的填充物,这些黏土矿物的尺寸比颗粒物细小,属粉粒细粒黏土物质,填充在颗粒物之间的孔隙中;再次是颗粒物与颗粒物、颗粒物与填充物接触界面上起粘合联结作用的胶结物,这些胶结物主要是如氧化铁这样的游离氧化物。

下面的图 7-4 就是研究砒砂岩的二元结构物理模型。通过这个模型,我们就可以对砒砂岩的结构组成一目了然。

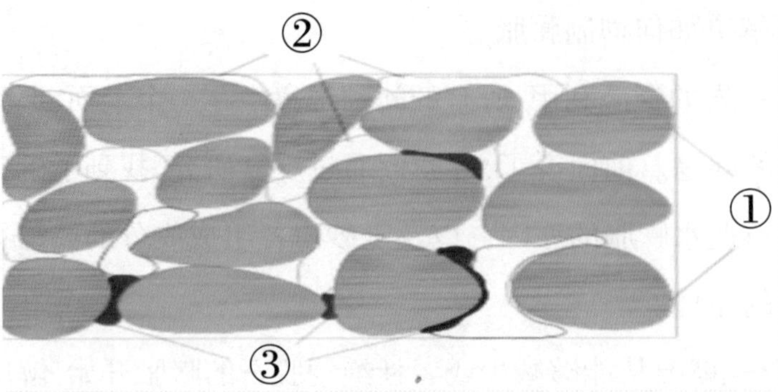

①颗粒物(石英、长石和碳酸钙等)

②填充物(蒙脱石、伊利石等黏土物质)

③胶结物(游离氧化铁、铝等)

图 7-4　砒砂岩物理模型

然而,简单地建立一个砒砂岩的二元物理结构模型,显然不能达到对砒砂岩的资源利用进行研究的目的,为此,专家们又根据砒砂岩各组分的特性建立了二元力学模型(见图 7-5)。

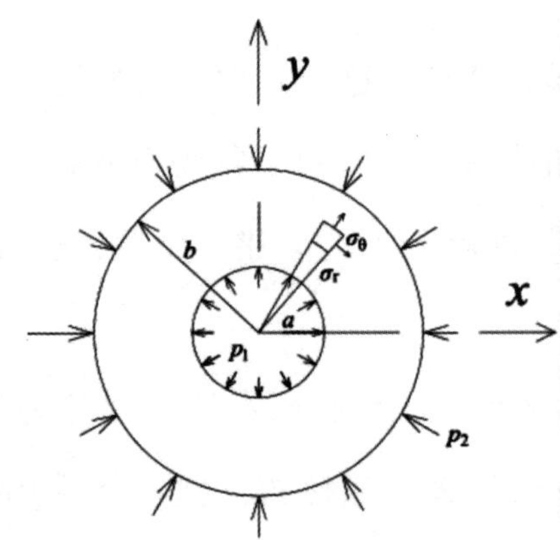

a 表示蒙脱石膨胀源半径

b 表示蒙脱石膨胀源中心到包裹物质外表的半径

p1 表示沿圆周均匀分布的蒙脱石的膨胀力

p2 表示沿约束环圆周均匀分布的外层包裹物提供的约束力。

σ 表示膨胀应力

图 7-5　砒砂岩力学模型

看到这个图 7–5 有何感觉？是不是一下子蒙了呢？别着急，下面咱就简单讲讲这个砒砂岩的二元力学模型是怎么一回事。

这个模型就是将蒙脱石视为膨胀元，颗粒物和胶结物等包裹物质为约束元。也就是说，我们把砒砂岩作为一个整体，然后再把砒砂岩分成两部分，一部分是蒙脱石，其余的作为另外的一部分，把这两部分作为模型的两个部分进行研究。

如图 7–5 所示，将膨胀源蒙脱石简化为形状规则的圆形，膨胀应力 σ 在沿圆周各个方向上均匀分布。将胶结物和颗粒物组成的包裹物简化为约束环，约束环是一个均质的，沿圆周各处厚度和约束力均相同的圆环。这样就可以将砒砂岩的膨胀问题转化为弹性力学里的圆环受均布压力的问题。

在这个二元力学模型的帮助下，经过计算，推导出一个公式。在这里就不介绍这个公式的具体内容和形式了，只简单说一说这个公式所蕴含的砒砂岩膨胀抑制机理及改性原则。

通过推导，想要抑制砒砂岩的膨胀，减小或者消除膨胀力，可以通过两个途径来实现：一个是对内圆膨胀物——蒙脱石进行改性，减少它的膨胀力；二是改变外部约束环包裹物的性质，增强它的约束力。

而要减少蒙脱石的膨胀力，实现方式有两种，一种是通过蒙脱石晶层间离子交换加以实现，二是通过晶层间离子交换或碱溶蚀技术，改变蒙脱石的性质和结构。对于增加外约束力环的手段，一是提高胶结能力或对约束环包裹物进行改性来提高强度，再一个是增加约束环的厚度。

这几句话的意思就是，通过技术的手段，让蒙脱石膨胀的性质得到抑制，让它即使遇到水也不会膨胀，然后让砒砂岩各组分之间的胶结物能够增强胶结能力，就能够达到让砒砂岩即使碰到水也岿然不动的效果。

在弄清楚了这个情况之后，础砂岩的改性剂配方就成为一个重要的工作了。为此，专家们进行了大量的对比试验和配方试验，最终得到了这种能够抑制础砂岩溃散的改性剂。当然了，由于知识产权保护的要求，在这里就不介绍具体的配方了。下面主要谈谈这些配方的抑制作用原理。

科学总是这样，当结果姗姗来迟的时候，很多的投入和付出都是值得的，也是令人欣慰的。然而在寻找这个结果的时候，漫长的时间和反复的实验却让人一次次徘徊在崩溃的边缘。

这种改性材料的挑选和试验也是这样的，在大连理工大学的实验室里，实验人员摇晃着一支支装着液体的试管，搬运一组组改性材料试件，在高于常态下进行潮湿试验，趴在实验台前观察结果，是整个试验必须要面对的工作。

试验结果在一月有余的等待后终于有了结果，三价金属氯盐对蒙脱石的膨胀抑制效果是蒙脱石在蒸馏水中的1倍。

那么如何抑制蒙脱石膨胀呢？前文提到过，水来到础砂岩晶层里之后，离子与水结合形成了水合离子，水合离子与水构成的溶液与晶层外的水造成了溶液的浓度差，导致了渗透压的产生，随着越来越多的水进入晶层，渗透压也越来越大，最后导致晶层被水击溃，随之而来的连续膨胀，最终形成了蒙脱石整体的膨胀。因此，想要抑制蒙脱石的膨胀，首先就要对蒙脱石里的离子下手，让它跟水的亲密关系减弱甚至消失，才能够从根本上达到抑制膨胀的结果。

这就是用来制作改性剂的改性溶液需要做的工作。

从实验的结果来看，经过改性的溶液中离子表面的电荷越大，对蒙脱石膨胀的抑制作用越强。这其中的道理是，改性溶液中的离子电荷大，与蒙脱石晶层表面的静电作用就越明显，二者的吸附力就越强。

这样就导致了阳离子吸附在晶层表面，占据了晶层表面的空间，阻止了水分子与晶层表面的作用，抑制了晶层表面的水化。

此外，阳离子与晶层表面相互作用，也抑制或减弱了阳离子与水分子之间的作用，抑制了离子的水化，同时将一部分水固定在晶层表面和离子外层，形成像甲板一样的层，阳离子与蒙脱石表面的相互作用越强，它们在蒙脱石—阳离子体系中的水化作用就越弱。

这样一来，离子表面形成的结合水为强结合水，随着水化的进行，接近离子最大结合水量时，层间吸力占据优势，从而使空间封闭，水化停止，蒙脱石不再吸水膨胀。

与此同时，蒙脱石晶层对阳离子的吸附，会将其固定在晶层表面附近，阻止了其向层间扩散，减小了晶层间阳离子的浓度，从而减小了晶层内外的渗透压，这在很大程度上阻止了晶层外面的水进入层间，也起到了抑制蒙脱石吸水膨胀的效果。

在试验过程中，专家们还欣喜地发现，钾(K)离子的表现较为特殊，尽管其离子半径大，电荷价位低，离子表面电荷密度较小，但由于钾(K)在蒙脱石晶格中非常好的几何镶嵌提供了比预期更强的结合力，因此钾(K)离子改性溶液表现出了对蒙脱石膨胀较好的抑制效果。

此外，改性溶液的 pH 值对蒙脱石的膨胀也有着重要的影响，蒙脱石的膨胀体积随着改性溶液 pH 值的增长呈现先降低后增加的“U”形变化趋势，氯化铁($FeCl_3$)改性溶液的 pH 值在 3.5~7.5 时，对蒙脱石体积膨胀的抑制效果较好。

最后，专家们又从微观的角度观察了经过改性后的蒙脱石状态，发现改性溶液里的层间交换离子的离子半径越小，电荷价位越高，用离子表面电荷密度越大的改性溶液处理的蒙脱石，蒙脱石的晶层间距和膨胀体积就越小。

在清晰了蒙脱石的膨胀抑制原理后，专家们又提出了一个新的模型，试图从碱溶蚀的角度进行改性研究，以把砒砂岩改性材料产品做出来。

碱溶蚀就是把砒砂岩打碎，然后加入碱性物质，通过发生化学反应，改变蒙脱石的性质，抑制其膨胀，达到对砒砂岩改性的目的。

那么，这个改性的化学过程到底是怎么进行的呢？

其实就是采用一定浓度的碱或者碱金属对砒砂岩进行溶蚀，将砒砂岩中的蒙脱石晶层间吸附的金属离子，以及蒙脱石网格中的金属离子等解离出来，成为游离态的自由离子，这些自由的金属离子如钙离子、硅离子、铝离子在一定的环境下发生聚合反应，形成水化硅酸钙或水化硅铝酸钙凝胶。

这样一来，蒙脱石的结构遭到了破坏，它遇水膨胀的特性也得到减弱或者消失了，同时又生成了水化硅酸钙或者水化硅铝酸钙凝胶，这些凝胶能起到包裹和胶连的作用，能够增加强度，对膨胀也能起到抑制作用。

看完这段描述，大家如果还不明白，我们来打个比方：假如砒砂岩是一支军队，要攻克它的敌人是水。水只要一来，这支军队立刻被攻破。查了原因之后才发现，水来了之后，军队中有一个喜欢水的部门叫蒙脱石，组成这个部门的几个更小单位里有很多绝对的亲水分子。

为了能够战胜水这个敌人，上头就下命令，让一个叫作碱或者碱金属的秘密组织进入这支军队，然后将亲水的这些金属离子都揪出来，拉到广场上，进行政治教育，并对揪出来的金属离子进行了重新的训练，然后组建了一个比原来强大的组织，这个组织对付水非常有一套。

到这个时候，蒙脱石这个部门中的亲水组织就被清除了，然后，这些被清除出来的分子又在秘密组织的训练和教化下，组建了新的组织部门。至此，水这个敌人来到之后，没有内讧分子做内应，又没有城门可以攻入，只能眼睁睁地在周围转悠而无可奈何！

这个秘密组织就叫作改性材料，这个训练教化的过程就叫作改性！而这个派遣神秘组织过来的又是谁呢？猜对了，它的名字叫科学和技术！

说到这里，可能有人要问了：这个训练教化的过程是怎样的呢？下面就给大家作简单介绍。

要使蒙脱石里的钙、硅、铝离子等解离出来，与其他物质呈现出凝胶性，一个前提条件就是让砒砂岩所处的环境中有足够的氢氧根离子等极性分子或者离子，并且这些极性分子或者离子能够进入玻璃体结构的内部，能够与钙、硅、铝等活性金属离子发生作用，溶解、破坏蒙脱石的结构，然后形成水化产物的溶液，进而为水化产物的成核、生长、交叉搭连直至形成网状结构凝胶类物质创造环境。

为了对碱溶蚀的效果进行测试，专家们又开展了砒砂岩火山灰活性试验。

提到火山灰，可能你要问了，怎么又来了个火山灰呢？原来，砒砂岩中的蒙脱石等黏土矿物是富含硅(Si)、铝(Al)的硅铝酸盐黏土矿物，蒙脱石不仅是砒砂岩的膨胀源，也是一种具有潜在火山灰活性的物质。

对蒙脱石这类具有潜在火山灰活性物质进行合理的处理，将它从膨胀物质转变成一种能够提供胶结强度的胶凝物质，既可以消除砒砂岩的膨胀源，也为砒砂岩改性材料提供了强度。

然而，改性后的砒砂岩到底有多大强度呢？下面就让试验结果告诉我们。

开展这个试验，首先要测定硅、铝在碱性溶液中的溶出量，而这也是评定火山灰类矿物活性的主要方法之一，采用饱和石灰水或碱溶液进行沸煮是通常采用的试验方法。

试验过程我们就不再赘述，重点说说试验的结果。

首先是在碱性条件下，可溶出的二氧化硅(SiO_2)、三氧化二铝(Al_2O_3)会参与水化反应，是砒砂岩中具有潜在活性的部分，可溶出的二氧化硅(SiO_2)、三氧化二铝(Al_2O_3)量越多，进行改性时砒砂岩中生成的反应产物就越多。在相同碱性条件下，砒砂岩中三氧化二铝(Al_2O_3)比二氧化硅(SiO_2)更容易溶出，活性更高。

得到这个结论之后，下面就要进入让我们欣喜的阶段了，砒砂岩改性产品就要横空出世了。

别看这些砖(见图 7-6)能够从实验室里出来，坐汽车、坐飞机到二老虎沟，它们可是经过了一番检验的。就像唐僧，被观音菩萨选中，去西天取得真经也是经过九九八十一大难考验的。这个世界上，所有的结果无论成败都必经一番过程。

图 7-6　砒砂岩改性砖试件

砒砂岩改性材料性能测试也要经过高温煅烧。煅烧能够破坏砒砂岩中蒙脱石的结构，使蒙脱石丧失遇水膨胀的特性，同时能够提高砒砂岩的火山灰活性。

试验结果显示，试验样品经过煅烧后强度迅速发展,1 天后的强度即可达 4 兆帕(MPa)左右,90 天后强度最高达 11.6MPa。需要解释的是,兆帕(MPa)是个压强单位,1MPa 相当于在 1 平方厘米的面积上施加的压力为 10 公斤力。

与此同时,还进行了一组试验,是没有经过煅烧而是选择用水泡,发现 1 天后强度在 2.5MPa 以上,90 天龄期的抗压强度最大为 8.7MPa。这个结果就说明了在高温状态下,改性砒砂岩内部的反应加速,强度也可以得到迅速增长。试验数据显示,经过改性的砒砂岩样品,其强度分别最高能够提高到原来的 447%。

此外,在进行砒砂岩改性材料的研究过程中还发现,粉煤灰等矿物掺合料含有相当量的有反应潜质的硅铝质氧化物,掺入粉煤灰后能够有效改善材料的孔隙结构,提高胶凝物质的生成量,进而提高改性砒砂岩材料的强度。

试验数据显示,加入粉煤灰之后,经过煅烧的情况下,样品第一天的强度就已经发展得相当高了，可以达到煅烧 90 天后强度的 72%~84%。到了 90 天的时候,样品的强度达到了最高值 20.3MPa。

分析这其中的原因，则是粉煤灰含有丰富的可反应的硅铝质氧化物,这些硅铝质氧化物在与碱性改性剂接触时会发生反应,生成富含硅铝的钙质地聚物凝胶,因此凝胶物质的量随着粉煤灰的掺量的增加而增长。样品中的反应产物——硅铝质凝胶物质,是样品强度的主要来源。与此同时,粉煤灰的掺入,能够增加试件的密实度,有效提高材料的孔隙结构,从而有助于试件强度的增长。

说到这里,大家是不是有所启发呢?就像生活中,我们每一个人的力量是有限的,如果能够找到一个合适的机会或者合适的人,提高我们的能力，填补我们的缺陷，将会让我们的人生更加出彩、更加美好。

当然，改性过的砒砂岩仅仅有强度还是不够的。想必你的头脑里还悬着一个问题：砒砂岩干燥时比较坚硬，但遇水会崩解坍塌，溃散成沙，这个改性后的砒砂岩样品遇到水又会怎么样呢？

我们先看一张图(见图 7–7)。

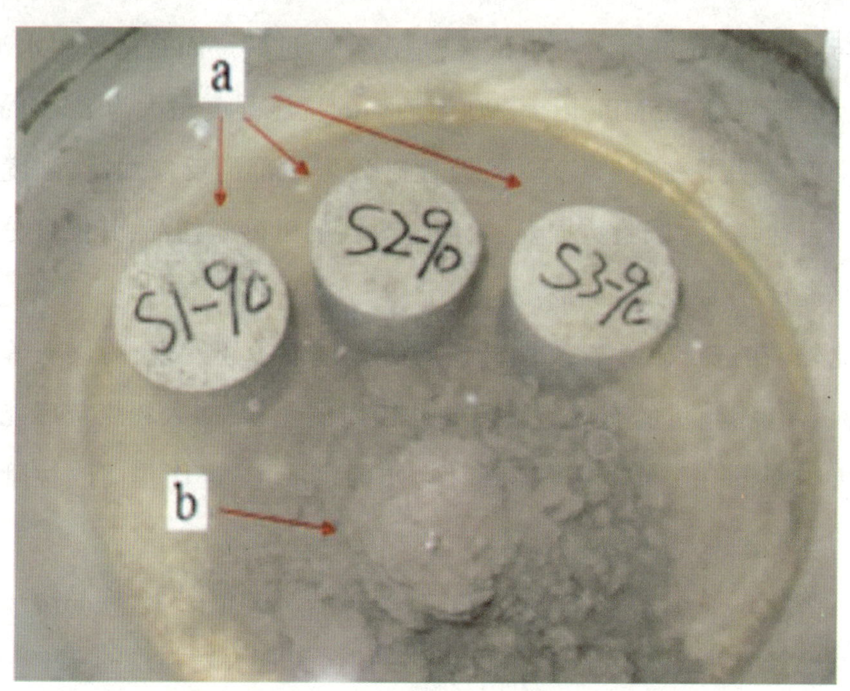

图 7–7　改性砒砂岩试件试验结果

图中的 a 是经过改性的砒砂岩样品，而 b 就是没有经过改性的砒砂岩样品。

通过图 7–7，我们已经一目了然了，未经改性直接用砒砂岩压制出的样品，见水后已溃散成散沙，丧失强度，而改性材料试件，经长时间泡水后，样品未发生剥落、崩解和溃散的现象，能保持完好的外形。这充分说明了，改性后砒砂岩的遇水溃散的情况得到改善。

看完了这些宏观的表象，最后我们请出电子显微镜，让它告诉我们砒砂岩改性材料的形成过程，特别是改性后的样子(见图 7–8)。

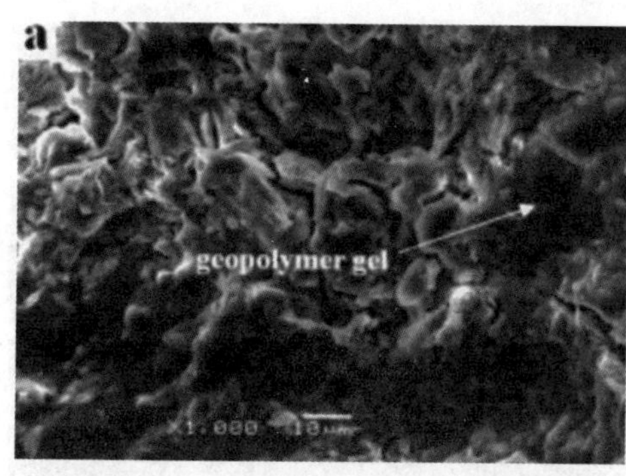

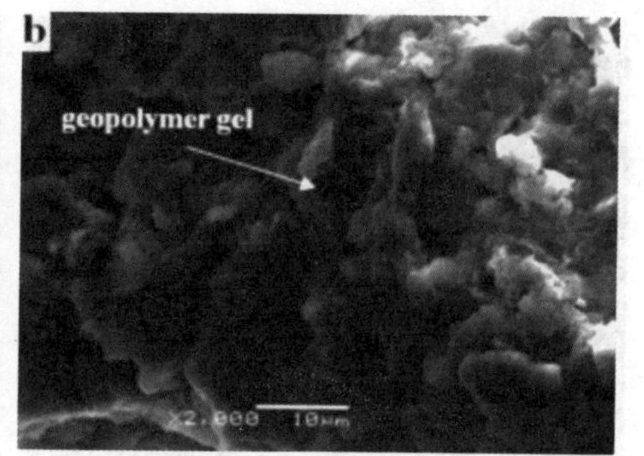

图 7-8　改性材料在电子显微镜下内部面貌

这两张图是改性砒砂岩样品经过 28 天的养护后电子显微镜下观察到的改性材料内部状态，我们可以看出，在样品养护的早期，改性材料反映程度较低，结构疏松，孔隙结构较差，内部细小块体颗粒间胶着物质较少，主要依靠颗粒间的机械咬合摩擦和少量胶着物质聚合在一起，试样基质的密实程度及地聚物凝胶的数量随改性材料用量的增加而增大。

看完上面这两张图，我们再看下面这两张图（见图 7-9）。从图 7-9 中我们可以看出，样品中已经出现了大量的均质致密的地聚物凝胶。

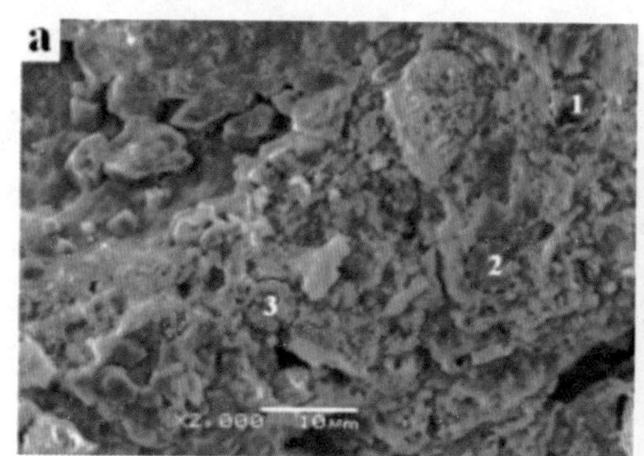

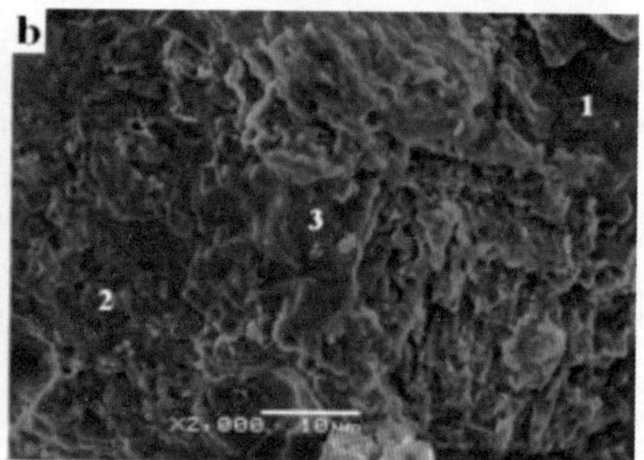

图 7-9　电子显微镜下改性砒砂岩的地聚物凝胶

再看下面两张图（见图 7-10），看看加入粉煤灰后的砒砂岩样品在电子显微镜下的内部状态。

从图 7-10 可以看出，水化反应产物及其碳化产物在形貌上主要呈现为大量的地聚物凝胶、水化硅酸钙凝胶以及少量的酸钙晶体，这些产物使基质呈现出一种致密的结构。

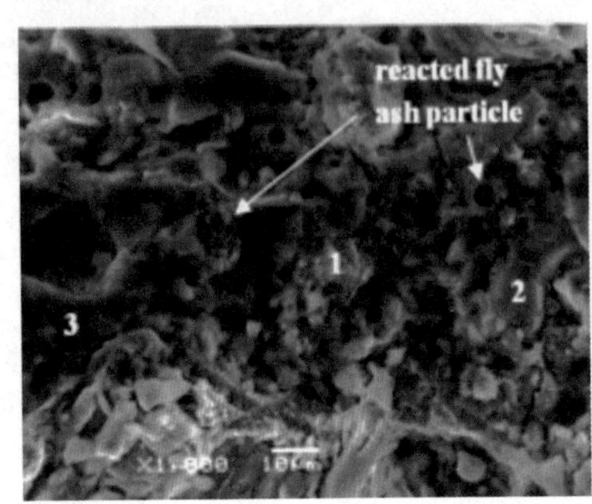

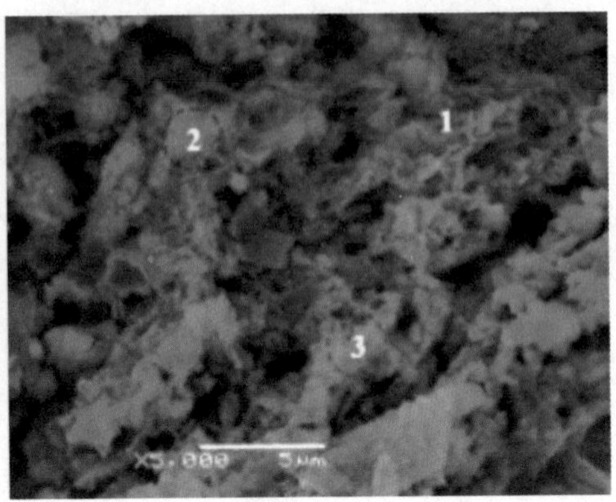

图 7-10　加入粉煤灰后砒砂岩内部面貌

此外，从图 7-10 中的 2、3 还能够看到水化硅酸钙的碳化产物——碳酸钙。这表明由于粉煤灰的加入，改善了材料的孔隙结构，有效减少了大孔的数量，使材料更加密实，进而在一定程度上抑制了水化硅酸钙的碳化。

以上就是砒砂岩改性的全部过程。此刻，就好比窗外已经是一片漆黑，很多人已经进入梦乡。对于他们来说，待醒来时，必将是另一个美丽的清晨；而对于那些致力砒砂岩改性研究的专家们来说，美丽的清晨就是能够在二老虎沟听到鸟的叫声，看到苍翠的大树，遍地的青草，还有淤地坝前的那一汪像宝石一样的碧水。

第八章
给砒砂岩穿上一件会呼吸的“治疗服”

我们生活中有这样一种衣服，穿在身上不仅轻便，而且很舒服，就像我们的皮肤一样，这样的衣服能够让我们的皮肤自由呼吸。

我们今天继续讲述砒砂岩的故事，来看看科学家们是如何给砒砂岩穿上一件会呼吸且可以治疗“生态癌症”的“衣服”的。

对于砒砂岩的传统或常规治理措施，前面我们已进行过系统介绍，包括生物措施和工程措施。其中生物措施主要指植树种草等，工程措施有淤地坝、谷坊、梯田等。这些措施为黄土地区的水土流失治理立下汗马功劳，然而它们对砒砂岩区水土不服，不能满足治理砒砂岩水土流失的需要。

因此，必须另辟蹊径，迫切探索新措施，加入治理砒砂岩的队伍。

“十二五”国家科技支撑计划项目“黄河中游砒砂岩抗蚀促生技术集成与示范”的专家们瞄准了这个方向，他们决定研发一种新措施，就是给光秃秃的砒砂岩穿上一件“衣服”，这件“衣服”不仅能够固结住砒砂岩不流失，而且能够让砒砂岩长出绿油油的植物。也就是说，这件

"衣服"有固结抗蚀、促进植物生长的功能。因此,专家们把这样的"衣服"叫作抗蚀促生材料。这种材料就是由一种叫亲水性聚氨酯类物质里加上能够抵抗侵蚀、可以促进植物生长的其他物质以后,所形成的一种高分子新材料。

第一节　固结材料研究历史与缺陷

从20世纪30年代开始,国外开始研究便于机械化施工的胶结固结材料,达到护坡和水土保持的目的。其中著名的例子是英国和以色列较早采用重油和橡胶混合物,美国采用环氧树脂水乳化剂,荷兰采用合成树脂,而前苏联则采用沥青乳化等。从效果看,这些材料要么产生二次污染,要么没有抗蚀、促生的双重功能,不适合在砒砂岩地区推广应用。

如果从水土保持用的化学固结材料的物质组成来看,主要分为无机胶结材料、有机(高分子)胶结材料以及无机—有机复合胶结材料。无机胶结材料主要有水泥浆、水玻璃两大类,有机胶结材料则包括石油类产品,如乳化沥青等、棉籽榨油厂的生产废料——棉籽酚树脂、纸浆废液或草浆黑液、聚氨酯类和聚醋酸乙烯酯类水溶性高分子聚合物等。此外,还有其他类型的固结材料,如利用工业废料或废塑料等。

我国是从20世纪50年代开始,对边坡防护材料进行研究的,取得了一定成果。但是,在砒砂岩区,实践证明这些材料是无能为力的。

在鄂尔多斯砒砂岩地区,开车行驶在穿过砒砂岩的公路上,你可以看到公路两旁边坡上的砒砂岩被喷上了一层水泥,但是有不少的边坡已经出现了大面积脱落,被掩盖的砒砂岩又重新露了出来,失去了阻止砒砂岩水土流失的目的(见图 8-1)。

图 8-1　砒砂岩公路用水泥护坡的剥落情景

根据研究,采用水泥浆办法来实现砒砂岩公路边坡防护,是利用了其喷洒在表面凝结固结后的覆盖作用。但是,由于水泥缺乏足够的水分而无法完全水化,生成的水化产物量少,因此,只能在砒砂岩的表面形成薄且强度低的固结层。而且,由于防护层很薄,根本抗不住冻融侵蚀。

同时,由于自身的原因,硬化水泥浆体属于脆性材料,几乎没有柔性,暴露于空气中受恶劣气候的影响,硬化水泥浆体很快就会发生干缩、龟裂,失去水土保持的作用,所以现阶段很少单独使用水泥浆进行边坡防护。

再一个原因是用这样的材料也不能长树长草,谈不上修复植被的作用。

通过这个例子说明,当你穿越砒砂岩地区的时候,看到公路两边碎裂脱落的水泥浆保护层的时候,就会明白是怎么一回事了。

水泥浆的这个例子也充分说明,如果不能够实现伸缩,就很容易被外界的各种作用力打败。试想,如果这些用来保护砒砂岩的水泥浆能够随着砒砂岩的冻融而一直牢固地固结在砒砂岩的表面,应该也不会大片地碎裂和脱落了吧。

我们暂时将水泥浆放置一旁,目光转移至与砒砂岩离得不远的敦煌,这里的敦煌研究院对硅酸钾固结材料进行了大量的室内试验研究,最后成功应用于石窟和土遗址加固试验。

这也是无机材料固结的一个比较典型的范例。但是,我们还得清晰地看到该材料的局限性,这种材料固化原理是由水玻璃失水后固化形成凝胶,这种凝胶的耐水性差,只能适用于像敦煌这样降雨较少且比较干燥的地区,而且不能用于修复植被,不适用于长树长草。

当然了,采用水玻璃改性固结材料,也可以根据不同环境的需要提高固结层的强度、抗水性和耐久性,而且施工方便、效果明显,但成本和制备工艺要求也相应提高。同时,这种由高矿化度盐水制备的固结材料固结,生产条件要求比较高,固结强度不高且又对环境造成盐碱化污染,因此除了敦煌,还没有见到被室外大面积施工推广使用。

关于无机固化材料的研究,我们暂且聊到这里。随着科学的发展,高分子材料来到了我们的身边,随之而来的就是在固结领域也出现了高分子材料的身影。

从 20 世纪的 60 年代开始,高分子胶结材料逐渐成为比较常见的化学固结材料。值得一提的是,我国科研人员在不断努力下,成功研制出了一些新型的高分子化学固结材料。

与此同时,高分子聚合物吸水性树脂类胶结材料也成为当今化学固结材料的研究热点之一。许多国家都在研究开发高吸水性树脂,进行固结试验,已开发出的高吸水树脂有淀粉接枝丙烯腈、淀粉接枝聚丙烯酸类、纤维素类、聚丙烯酸盐类、醋酸乙烯类等。

高吸水性树脂的研究起步较晚，不过也有数十家科研单位将高分子吸水树脂用于边坡防护。然而，高分子聚合物因其成本很高，生产工艺及原料来源等方面也受到限制，未能广泛应用，另外一些有机高分子有毒，也被限制了使用。

石油产品类固结材料就是喷洒适宜数量的石油产品在受侵蚀的土壤表面，借助固结材料的粘结作用使土壤颗粒固结起来。石油产品类固结材料主要使用在石油资源比较丰富的中东国家，该技术往往和植物固结作用相结合达到“生物防治—化学防治”联合水土保持的共同效果。我国受沥青原料来源的限制，该技术不宜大面积推广应用于水土保持。

有机—无机复合胶结材料是针对无机胶结材料柔韧性能差、缺乏保水性等缺陷，通过在无机材料中添加有机组分而形成的一类新型固结材料。

化学固结与生物防治有机结合是防治水土流失的有效手段，但是目前已有固结材料在耐久性、植物亲和性或成本方面存在较大的问题。迄今为止，国内外至少研制有 100 多种化学固结材料，但绝大多数处于实验室研究阶段，未能用于野外水土流失治理，也有少部分在应用过程中出现问题。所以，新型环保化学固结材料和水土保持技术的研制势在必行。

总之，目前研发的这些化学材料，大多只能用于固结边坡，防治边坡表面被水流冲蚀，但不具有能满足用于砒砂岩地区抗蚀、促生的双重功能。同时，也不适于砒砂岩区冻融严重、暴雨强烈、风大风力强、坡陡沟深、砒砂岩遇水崩解等特殊的恶劣环境。

第二节 遭遇挑战 逆势而行

有些事物是，当你不太关注它的时候，你会发现很多事物都跟它有些关系，而当你认真地研究它的时候，却忽然发现你原本认为有关和用得上的事物，最后与它并没有太多的关系。

我们在前文阐述了这么多，科研人员也费心地找了这么久，最后却发现这些研究结果仅仅是个参考。他们真正面对的仍旧是依稀朦胧的前程，没有指路灯，没有方向标，唯一有的就是在前方有个声音在高喊，这个声音就是国家治理砒砂岩科研项目的任务书！

“明知山有虎，偏向虎山行”，需要的不仅仅是一种勇气，更多的是一种智慧。科研人员作出了一系列规划和布局。专家们设想研发一种高分子材料，这种材料能防水流冲刷、防雨滴冲击，又能吸水保水，喷到砒砂岩上，能长出草来，就相当于为砒砂岩穿上一层能“呼吸”、能长“汗毛”——植物的衣服。他们的设想是，先在砒砂岩上撒上草种，再喷上这种材料，下雨时这种材料不脱落还吸水，下面的草籽发芽后又能穿透这一层“衣服”长出来。多好啊，这就是抗蚀促生！

对于砒砂岩来说，想要穿上一层这样的衣服，必须结合砒砂岩成岩度低、地质条件恶劣、结构强度极低、水土流失情况极为严重等特点，这相当于要给一个性质很差的东西配上一个配置很高的外包装，难度可想而知。

这种穿在砒砂岩外面的东西首先是环境友好型的、新型的抗蚀促生复合材料。当然，这种材料还得具备如下性质：能够在水中快速乳化，有很好的渗透性，且与不同表面结构和组成的砒砂岩有很好的粘结性和包裹性，喷到砒砂岩上以后，不能像结了一层皮，而是要与砒砂岩分子紧紧地抱在一起，这就是专家们所说的“包裹”。包裹后的砒砂岩有很好的疏水性，且遇水不再松软泥化，保持良好的结构性和力学能力，大大提高其抗侵蚀性，为植被生长提供良好稳定的环境。

有了这些研究成果，科研人员的心里就有底了，他们要在这些基础上，为砒砂岩区的治理提供关键的材料及施工设备而研发。

为了研制这种材料，科研人员首先对砒砂岩原岩表面组成和微观结构特征以及遇水松软泥化特点进行了分析，在现有固结材料的基础上进行纳米改性研究，开发多种适合砒砂岩治理的高新固结促生材料。

这个高新固结促生材料能够在砒砂岩单体颗粒表面形成疏水性保护层，经过这种高新抗蚀促生材料原位处理后的砒砂岩，其复合体具有优异的力学性能，耐紫外线降解、抗水蚀和重力侵蚀性能，保水、保温、保肥等综合性能，可以在固定砒砂岩的同时，与种子喷射法等植生手法结合，促进植被恢复。

别看我们介绍得如此轻描淡写，其实这些材料技术和设备都是经过权威专家鉴定的，且具有国际先进水平。

仅仅有材料是不行的,还必须有设备和工艺将这些材料科学地喷洒在砒砂岩的表面,因此,科研人员又开发了适合高新固结促生材料的规模化施工工艺和设备。

有了上述研究和试验,科研人员就能够通过固结促生技术改变砒砂岩区的土壤覆盖状况,从而达到控制土壤侵蚀的目的。

终于,通过一次次的试验,一种叫作基于 W-OH 的高分子材料横空出世,专家们命名它为“W-OH 抗蚀促生材料”,并将它运抵鄂尔多斯市准格尔旗暖水乡二老虎沟。

第三节 W-OH 是什么?

根据我们上面的介绍,有将高分子聚合物用于水土流失治理中的步骤。但是科研人员在利用一种叫作聚氨酯的高分子化合物进行试验的时候,发现聚氨酯在严酷的环境中容易发生老化现象,特别是在野外,抗紫外线的能力非常差。

因此,科研人员提出了纳米改性剂分子链结构重新设计的方法,发明出了高效抗紫外线的功能剂——W-US,这样一来,就从根本上解决了聚氨酯材料抗老化性能和生态功能性差的技术瓶颈。

当然,这还没有达到研究的目的,针对砒砂岩的治理需要快速可控且生态环境治理迫切的现状,科研人员通过复合 W-US 和分子结构设计,研发出了一种淡黄色液体状功能型亲水性聚氨酯复合材料——W-OH 抗蚀促生材料。

这种 W-OH 抗蚀促生材料可以与任意水质的水发生反应,进而生成了具有良好弹性和力学性能的柔性体,这种柔性体对紫外线具有优异的抗性,也就是说,防止了我们上面说的由于紫外线照射导致的材料老化问题。

同时,这种材料还有高度的环保性,即我们不能再重复那种先污染后治理的老路,对砒砂岩的治理过程中,同样不能出现材料污染的问题。因此,这种材料所具有的高环保性对砒砂岩的治理是非常有必要的。

W-OH 抗蚀促生材料的工作原理就是通过对砒砂岩颗粒间的胶结性能进行修复,将分散的砒砂岩颗粒进行包裹,形成一体化的抗蚀复合体而最终达到治理的目的。

这句话的意思是什么呢?就是科研人员研制的这种名叫 W-OH 抗蚀促生材料能够渗透进砒砂岩的内部,将砒砂岩的颗粒进行包裹,这一经包裹,一来可以改变砒砂岩原来的结构,也就是说,给这些松散的砒砂岩穿上了一层外衣,二来这些外衣之间又能够达到一种比原来更加有效的胶结性能,最终实现砒砂岩遇水不被破坏的效果。

说到这里,可能有人要问了,促生是什么意思呢?促生单从字面意义上就能解释得很清楚,即促进植物生长发育。

所以,我们说的这种 W-OH 抗蚀促生材料另一个特殊的能力就是可以实现促生,也就是说它被喷洒后能够对生长在砒砂岩中的植物种子和根部实现保肥和保温的功能。这样一来,对于植物生长特别是萌芽过程中缺少的水肥及温度问题就迎刃而解了。

科研人员解释说,W-OH 抗蚀促生材料与水迅速反应后,能够形成一种网状的弹性凝胶体,这种凝胶体具有保水保肥的作用,能实现反复缓慢吸收和释放水分,这样就能让植物得以生长,延长植物的生长周期,以此达到促生的效果。

有人可能又要发问了:这种 W-OH 抗蚀促生材料这么多的效果是

一下子就能够实现的吗？

对于这个问题，科研人员给我们的解释是，不能一下子实现，就像我们喝水一样，加入的糖量不同，喝起来的味道就不一样。

因此，抗蚀促生这个目标的实现，需要在施工的时候对W-OH材料进行不同配比才能实现不同的抗蚀促生功能。也就是说，如果在陡峭的山坡上，不需要生长植物，就用高浓度的配比，直接对砒砂岩进行固结，防止由于水流的冲刷而造成砒砂岩的溃散；在平缓的地方，特别是能够生长植物的地方，不仅要防止水土的流失，还要让种在砒砂岩上面的植物能够生根发芽，因此要用浓度低一些且含有养分的W-OH抗蚀促生材料，最终实现光秃秃的砒砂岩区穿上绿色的衣服。

你看，科学的魅力就在于遇山开山，遇河架桥，兵来将挡，水来土掩。在科学探索的面前，缩手缩脚从来都是一事无成，只有富有创意的绚烂花朵才会尽情绽放。

第四节　W-OH 抗蚀机理探索及试验

科学的价值是它能够解决问题,并且能对这个解决问题的过程进行量化。

对于砒砂岩这个已经存在了亿万年的石头来说,专家们已经从改性角度进行了探索,并从理论和实践的角度进行研究和试验,并将试验产品应用于二老虎沟,修建了一座改性砒砂岩淤地坝。

眼下,这个 W-OH 抗蚀促生材料也已经在二老虎沟得到了应用示范。但是,各位的兴致恐怕还在这种材料究竟是如何实现上面所说的效果的吧。那么,我们就走进实验室,揭开 W-OH 抗蚀促生材料神秘的面纱。

在仪器的帮助下, 研究人员用水及 W-OH 抗蚀促生材料对砒砂岩的入渗进行了试验并记录了如下影像(见图 8-2)。

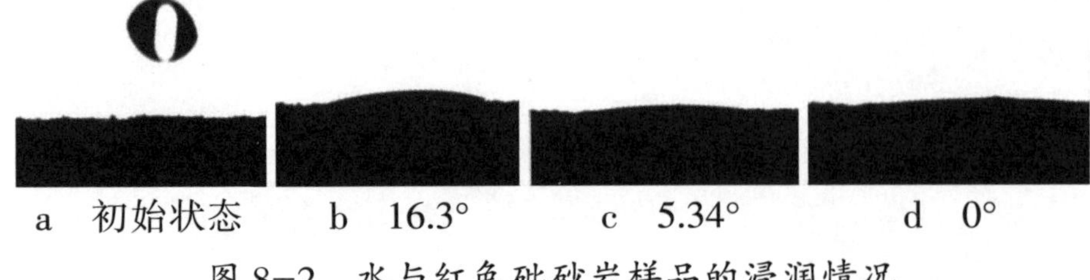

图 8-2 水与红色砒砂岩样品的浸润情况

图 8-2 显示的是水渗入红色砒砂岩样品的情况。从仪器的测试来看,当水滴与红色砒砂岩试样接触后,水可以在约 0.24 秒的时间内完全渗透至砒砂岩试样的内部,说明砒砂岩试样具有较发育的孔隙结构。

下面的两个图是 W-OH 抗蚀促生材料渗入红色砒砂岩样品的情况(见图 8-3)。同样,仪器测试结果显示,当 W-OH 抗蚀促生材料与红色砒砂岩块状样品接触后,初始浸润角约为 111°,但是随着时间的推移,浸润角变化均匀。在约 2.5 秒的时间内完全渗透至砒砂岩块状样品的内部,说明 W-OH 抗蚀促生材料在砒砂岩表面浸润性较差。这个 2.5 秒就是一个重要数据,根据这个数据,可以很好地指导在野外山坡治理中的喷洒过程和工艺。

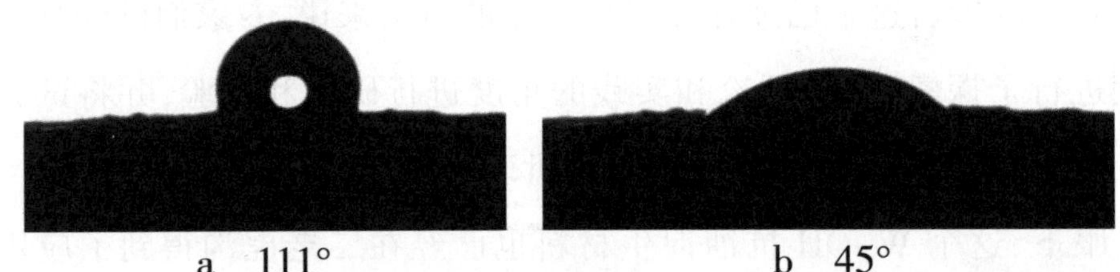

图 8-3 W-OH 抗蚀促生材料与红色砒砂岩样品的浸润情况

下面的两个图显示(见图 8-4),当砒砂岩表面喷洒有浓度 3%的 W-OH 抗蚀促生材料形成固结层时, 再将水滴滴到其表面, 浸润角约为 104°,且减少缓慢,完全渗透需要 20 秒左右。这表明固结层有一定的阻水作用,可以阻止雨水进入,有效减少砒砂岩水力侵蚀的强度,但其中含有一定的微小空隙,靠虹吸和毛细作用仍可以使水缓慢下渗,而不是本身的亲水性,这样又不影响植物生长的需水要求。因此在砒砂岩坡面治理中,使用 W-OH 抗蚀促生材料固结风化砒砂岩后,可以起到很好的减缓水分进入砒砂岩内部而造成侵蚀,又可以通过入渗,滋润植物生长。

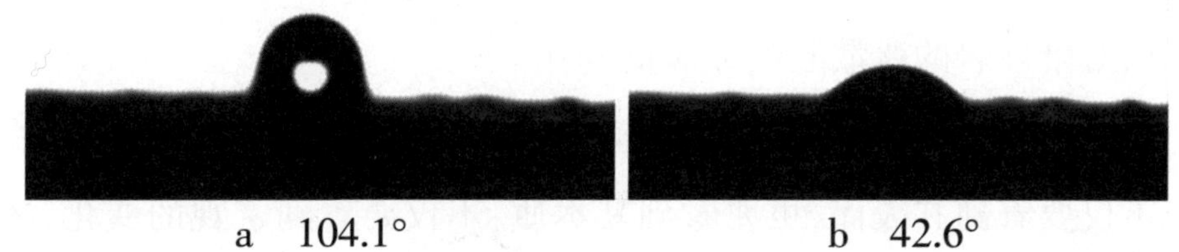

图 8-4 水滴浸入喷有浓度 3%抗蚀促生材料的砒砂岩情况

随后,科研人员又把砒砂岩原岩和喷洒过 W-OH 抗蚀促生材料的砒砂岩放入水中进行对比试验。结果显示,在 1 分钟之内,无论是红色砒砂岩或者白色砒砂岩原岩,全部在水中溃散,而在表面喷洒 W-OH 抗蚀促生材料溶液后,10 分钟后砒砂岩颗粒无任何变化。

这个结果说明,砒砂岩原岩遇水极易溃散,在水力条件下易受侵蚀,而 W-OH 溶液能够包裹在砒砂岩表面保护其免受水分的侵蚀。

前面说过,砒砂岩颗粒遇水后,稳定性很差,见水后结构就破坏了,为了定量判断遇水后结构稳定性遭受破坏的情况,专家们定义了一个叫"水稳性指数"的术语,这个指数在 0 与 1 之间,水稳性指数越高,说明遇水后越不容易破坏,或者说越稳定。根据测量,砒砂岩水稳性指数约为 0.2,而加入 W-OH 抗蚀促生材料后,水稳性指数可达到 0.8 以上,甚至接近于 1,而且随着 W-OH 抗蚀促生材料浓度和喷洒量的增大而逐渐增大。出现这个现象的主要原因是 W-OH 抗蚀促生材料浓度越大,在砒砂岩表面形成的固结层更加紧实,粘结性更强,提高了整体性。喷洒量的增大,则可以使 W-OH 抗蚀促生材料溶液更好地渗入砒砂岩颗粒中,全面包裹砒砂岩,可以抵抗较长时间的水力侵蚀。此外,喷洒相同浓度和质量的 W-OH 抗蚀促生材料溶液时,颗粒较大的更容易造成水蚀,形成裂缝的比例较高，在浸水过程中水蚀程度更大，比例更高。因此，W-OH 抗蚀促生材料溶液可以有效提高水稳性系数，从而有效防止砒砂岩进一步受到降雨侵蚀作用。

上面的系列试验从宏观为我们传递了一个信息：W-OH 抗蚀促生材料可以对砒砂岩的溃散起到显著的作用。

知其然还得知其所以然，这是科学研究通用的准则，对一件事物的认识不仅要看到其表面，更要看到其本质，不仅要看到宏观的变化，还要看到微观变化及变化的原因。宏观的表现和微观的内因是科学研究的两个翅膀，缺一不可。

看到下面这三组图了吧，这是砒砂岩原岩和复合体的微观结构（见图 8-5~图 8-7）。大家是不是有点蒙了呢？

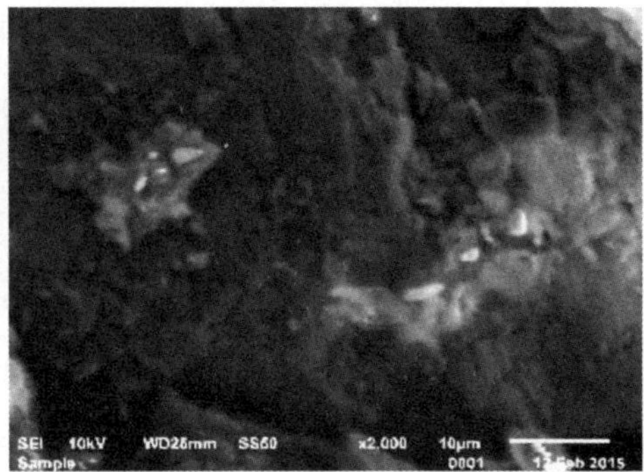

图 8-5 砒砂岩原岩颗粒

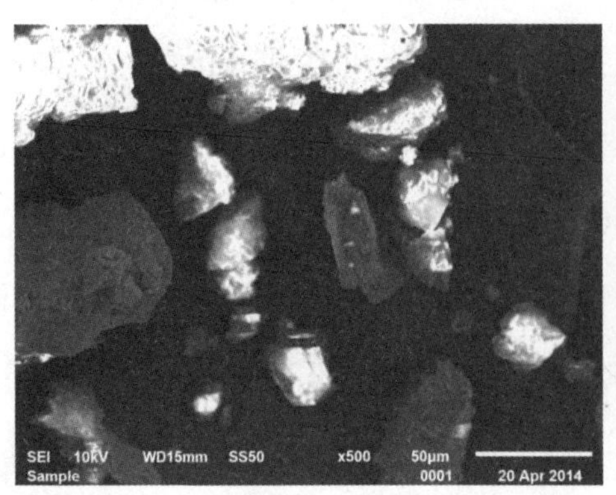

图 8-6 砒砂岩与 W-OH 复合体内部结构

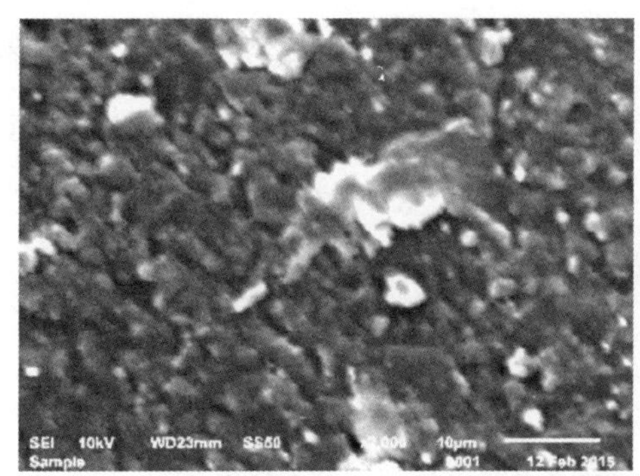
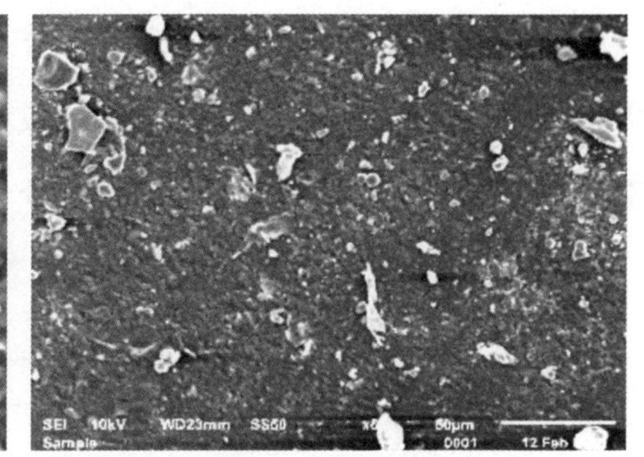

图 8-7 础砂岩表面固结层结构

还是让科研人员给我们说说结果吧。

从第一组图可以看出,础砂岩原岩内部松散,颗粒形状棱角分明,粘结性差,且无密集性;第二组图表示,喷洒后的 W-OH 抗蚀促生材料溶液迅速渗入础砂岩中,在础砂岩颗粒表面形成包裹,使得础砂岩颗粒变大,表面开始变得粗糙,密集性提高,从而可以有效提高颗粒间的有效接触面积,提高了粘结性;第三组图显示,W-OH 抗蚀促生材料在础砂岩表面形成了一层具有弹性的凝胶体,将础砂岩细小颗粒有效地凝结在了一起,从而可以提高其整体性和抗水流剪切能力,起到有效保护础砂岩抵抗水流的冲蚀和风蚀的作用。

作为一种抗蚀促生的材料,同样得从微观的层面进行研究。通过对 W-OH 抗蚀促生材料凝胶体的仪器测试,发现在凝胶体中还含有部分异氰酸酯、聚醚和酰胺分子,而这些分子的聚合体形成分子交叉,能够成为网状结构(见图 8-8),可以有效地对础砂岩进行包裹,对水分、肥料等进行吸收,其中吸收的水分在干燥的条件下可以缓慢释放,且可以反复吸收和释放,形成一个“水库”,从而可以在一定时期内利用自然界水分为植物的生长提供必要的水分,促进植物的生长。

促生还有另外一项指标,就是保水性。测试结果表明,础砂岩样品含水率降低较为迅速,喷洒 W-OH 抗蚀促生材料后,含水率下降缓慢,且随着 W-OH 抗蚀促生材料浓度的增大,含水率的降低速率减小,保水效果提高,这说明表层的固化层可以减少水分蒸发,具有一定的保水作用,且浓度越大,表面固结层孔隙率越少,蒸发量减小,保水效果明显。

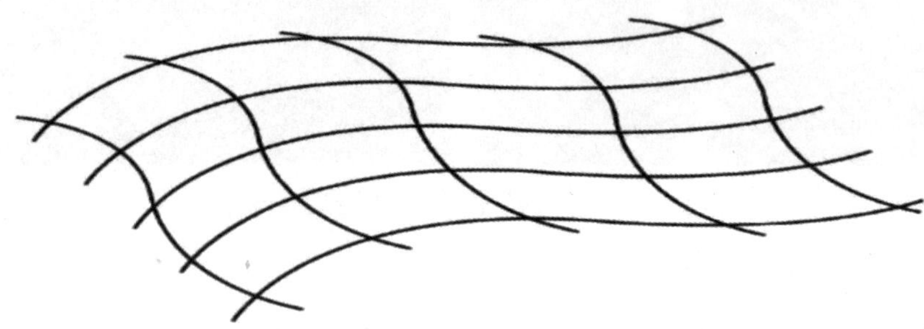

图 8-8 W-OH 抗蚀促生材料凝胶体网状结构

同时,科研人员还对其中的原因进行了归纳概括:W-OH 抗蚀促生材料溶液喷洒在砒砂岩的表面时,会形成一个保护层,并且阻止水分从砒砂岩土壤中蒸发流失,这大大延缓了水分的蒸发速度。为提高保水效果,在使用过程中,需加入少量保水剂,这不仅可以防止砒砂岩受到风力、水力和重力作用侵蚀,而且可以对固结层以下的水分起到减少蒸发的作用,从而有助于植物的生长。

第五节　W-OH 抗蚀促生材料试验效果

有了这些实验的数据还是不够的，常言说得好，是骡子是马拉出来遛遛。科研成果也是一样，行不行要靠试验结果说话。于是，科研人员也开始了对 W-OH 抗蚀促生材料的植物萎蔫试验。

科研人员将含水率约为 30%的砒砂岩放入 50 毫米×5000 毫米（直径×高度）的亚克力管中，表面用不同浓度的不同抗蚀促生材料进行喷洒，形成厚度约为 1 毫米的固结层，然后在时间 0、6、18、42、90、162、258、618、810、1050、1290 小时，在离表面 10~15 厘米的位置取砒砂岩样品测定其含水率，其目前测定的结果如图 8-9。

从图 8-9 可以看出，在未喷洒抗蚀促生材料的时候（即图中的“空白”符号），砒砂岩样品含水率降低迅速，而喷洒抗蚀促生复合材料后，含水率下降缓慢，说明表层的固化层可以减少水分蒸发，具有一定的保水作用。且随着抗蚀促生材料浓度的增加，含水率的保持率呈增大趋势，说明浓度增大，表面固结层孔隙率减小，蒸发量减小，保水效果明显。

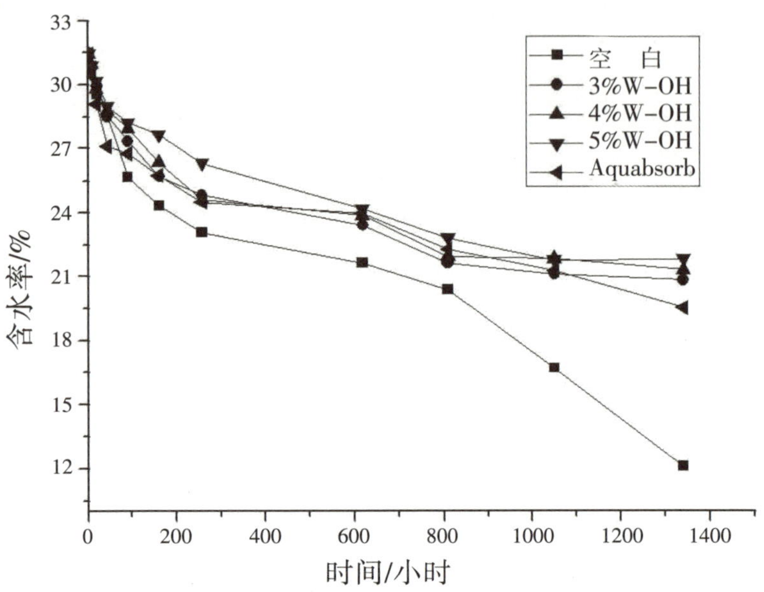

图 8-9 砒砂岩样品含水率变化试验曲线

单有这个还不够，科研人员又进行了砒砂岩表层喷洒抗蚀促生材料后草种发芽率和生长性能影响的试验研究。

这次试验选择了沙打旺、野牛草、黑麦草、冰草、紫花苜蓿、柠条等牧草，在175毫米×105毫米×113毫米的塑料方格中进行撒播种植，每个格子里种植100粒，分别将浓度为3%、4%、5%和6%的抗蚀促生材料+保水剂喷洒到种植槽中，并设立空白对照(见图8-10)。

种植3天的情况

种植 10 天的情况

种植 15 天的情况

图 8-10　促生试验效果

如果不是专业人士,单从这些照片很难看出门道。下面还是请科研人员将试验结果给大家作简单介绍。

通过试验证明,在这些植生槽中种植几种植物种子,在 4~7 天发芽,到 12~15 天达到长势最旺的阶段。

沙打旺:双子叶植物,在内蒙古地区较为常见,但是在实验室里发芽率不是很高,长势缓慢,且高度不高,平均 1~1.5 厘米,10 天后开始出现一定程度的倒伏现象。

紫外苜蓿:双子叶植物,发芽较快,但是长势不好,高度有限,达到 2 厘米左右的时候开始出现倒伏现象,茎较细。

黑麦草:单子叶植物,发芽率极高,可以达到 90%以上,且长势较好,但是草茎较细,当高度较大时,容易导致折断。

野牛草：单子叶植物，发芽率高，长势迅猛，每天可以提高1~2厘米，草茎较粗，高度最大。沙打旺、紫外苜蓿、黑麦草、野牛草及混合种子7天的发芽率分别为30%、50%、90%、70%和45%。

与没有处理的砒砂岩相比，喷洒了抗蚀促生材料的植生槽中，种子的发芽率随着浓度的增大呈递减趋势，最大可递减30%，但是一旦草种发芽并长出来之后，生长速度和高度与未处理前相当，且在未浇水的情况下，处理的部分延续生长的时间较长，平均增加10~15天，说明抗蚀促生材料在砒砂岩表面形成了固化层，起到了保水的作用。

另外，专家们通过试验，还发现了一个很关键的数字——6%。当在砒砂岩表面喷洒的W-OH抗蚀促生材料不大于6%时，有利于植物生长，但一旦超过6%，虽然抗蚀的效果好了，植物却生长不好了。因此，这个6%就是一个重要的临界值。

再来看看抗蚀效果。

科研人员选择位于郑州市的黄河水利科学研究院"模型黄河"试验基地的人工模拟降雨水土流失试验大厅，开展了W-OH抗蚀促生材料的抵抗侵蚀能力的科学试验。

这个试验大厅具有国际先进水平的自动模拟降雨系统，其降雨均匀性可达90%以上，规模为长108米、宽45米、高22米，是世界上最大的人工模拟降雨试验大厅。

进行这个试验，科研人员选择了降雨强度和坡度两个变量，来比较使用抗蚀促生材料前后砒砂岩坡面受侵蚀的变化情况。

我们先从视觉上看看试验的过程(见图8-11)。

下面这6张照片显示的是没有喷洒W-OH抗蚀促生材料的砒砂岩在不同坡度、不同流量下的冲刷效果。通过最后的结果可以看出，对于砒砂岩坡面试验，其他条件相同时，流量越大，产沙强度越大；其他条件相同时,坡度越大,产沙强度越大。

(a)流量 1L/min,坡度 30° (b)流量 2L/min,坡度 30° (c)流量 3L/min,坡度 30°

(d)流量 2L/min,坡度 20° (e)流量 2L/min,坡度 30° (f)流量 2L/min,坡度 40°

图 8-11 砒砂岩侵蚀试验效果

下面的图 8-12 是喷洒固结促生材料之后的冲刷试验效果。试验的结果已经很清楚地说明，其他条件相同时,W-OH 抗蚀促生材料的浓度越高,其效果越好,

(a)0.5L/m²,3%,Q=2L/min 坡度 30° (b)1L/m²,3%,Q=2L/min,坡度 30° (c)1.5L/m²,3%,Q=2L/min,坡度 30°

(d)2%,1.5L/m²,Q=2L/min 坡度 30° (e)3%,1.5L/m²,Q=2L/min,坡度 30° (f)3%,1.5L/m²,Q=2L/min,坡度 30°

图 8-12 喷洒 W-OH 抗蚀促生材料后砒砂岩侵蚀试验效果

且冲刷破坏需要的时间越长甚至不会遭受破坏；W-OH 的投量越大，其抗蚀效果越好，且冲刷破坏需要的时间越长甚至不会遭受破坏。

同时，在坡长 2 米的范围内，保证 W-OH 固化剂浓度为 2%及以上、投量为 1.5 升/立方米及以上，在当地降雨条件下，坡面砒砂岩不会出现侵蚀。

试验进行到这一步，可能有人就会说，这已经差不多了吧。但科研人员一定会摇摇头，因为 W-OH 这种高分子材料还没有在野外进行试验，是绝对不能在二老虎沟进行示范推广的。

所以，科研人员还在野外进行了径流冲刷试验，即在野外要采用人工办法，通过制造坡面径流，对抗蚀促生材料的效果进行检验。为此，科研人员进行了如下设计(见图 8-13)。

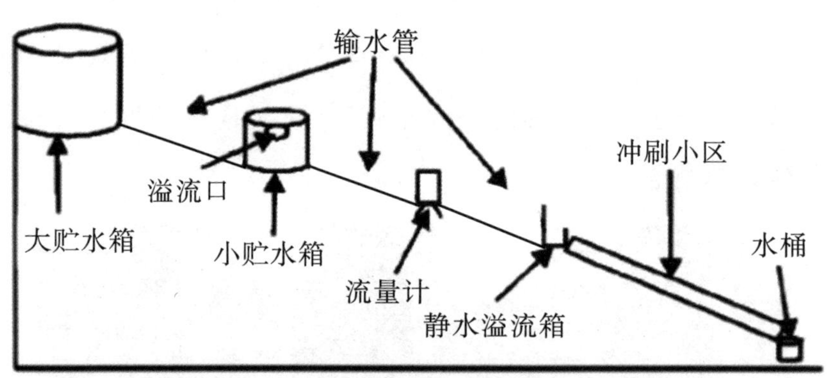

图 8-13　野外试验装置设计示意图

图 8-13 就是科研人员设计的野外径流冲刷试验装置示意图。在这个试验中，大水箱依靠重力持续供水，通过溢流装置和流量计控制流量，溢流箱则保证进入冲刷试验小区的水流空间分布均匀。

在这个试验中，科研人员分别做了砒砂岩裸露坡面和砒砂岩风化物沉积坡面两种类型。试验流量结合当地降雨强度，选择了每分钟 4 升，相当于每小时 60 毫米的降雨强度，坡度为野外所选坡面的自然坡度，其中砒砂岩坡面为 43°，沉积物坡面为 35°。

试验结果证明,喷洒 W-OH 抗蚀促生材料后,相对于没有喷洒 W-OH 抗蚀促生材料的山坡来说,侵蚀量明显减少,半小时累计减沙比达到90%多。

至此,给砒砂岩穿一件能够呼吸的外衣这个工程就算是介绍完了。从整个介绍来看,这件外衣的确不仅仅是单纯的一件“衣服”,那些栽种的各种植物良好的生长状况就是这件外衣最有力的说明。对于科学研究来说,锁在柜子里的最后都会变成历史的尘埃,而那些在生产和生活中得到应用的才是夜空中最亮的星星,装点这美丽的夜晚,也装点着我们的梦乡。它们就像黑夜里的一支支火把,指引着我们踏破黎明前的最后一线黑暗,沿着一条光明大道,奔向美好的生活。

生活中,有一种惊喜叫付出后的回报;科研中,有一种欣慰叫试验后的应用!

讲到这里,你可能会问,如果把这种抗蚀促生材料、改性材料拿到现场去试一试,效果到底怎样?要想知道结果,就跟随我们在后文一探究竟吧。

第九章
立体模式点绿砒砂岩区

科学研究决不是用一两天或一两年甚至再长一点的时间所能够完全发展起来的事业。对地球的发展而言,人类的历史真是短之又短,科学的发展就更显得尤为短暂。即便是如此,自从人类在这个地球上立足并发展形成部落,形成种族,形成国家,科学也一直都伴随着人类的活动。

对于砒砂岩的治理来说,与其说是人类和自然的一次次博弈,不如说是人类与自然的一次次磨合。从砒砂岩的治理开始,国家就不断投入人力、物力和财力,然而到了今天,砒砂岩的治理仍旧是一项艰巨的工作。这当然也不是一两个人、一两个团队就能轻而易举完成的工作。

"十二五"国家治理砒砂岩科研项目的实施,标志着又一支团队在接力奋斗。

第一节　抗蚀促生的终极目标

对于础砂岩的治理来说,前面我们已经较为详细地介绍了础砂岩的一些特性、自身的属性、治理措施,还介绍了"十二五"国家科技支撑计划项目"黄河中游础砂岩地区抗蚀促生技术集成与示范"的科研人员所研发的础砂岩改性技术、抗蚀促生技术,这些成果为治理础砂岩开辟了新路径,充分积累了础砂岩治理的技术与措施。

在全世界,任何一项新的技术和产品,如果想要从实验室走到市场应用,无不是通过大量的生产前试验来试验的,我们称这个过程为中试。

对于 W-OH 抗蚀促生材料和改性材料来说, 想要把产品从实验室搬到二老虎沟,甚至将来应用到更多的础砂岩区,这个中试过程是必不可少的,也是非常重要的。

要进行中试,对于科研人员来说,还要将这些先进的技术进行集成,全面研究形成一个治理础砂岩综合性模式,这就是础砂岩治理的技术之大成。

为什么中试的时候要集大成呢？这就像我们平时经常说的独木难成林一样，任何一项单独的技术难以从整体上支撑起对砒砂岩治理的最有效效果。

因此，要像庖丁解牛及其逆程序一样，不仅需要将砒砂岩这头牛一点点地分析清楚，分析透彻，找到解决每一部分的肢解方案，而且能够将这头肢解开的牛重新组合在一起，加上这些措施，能够成为一头全新的牛。这头牛带着一种从未有过的气息，能够让所有人眼前一亮。

红军万里长征也不是一个遵义会议、一个飞夺泸定桥、一个四渡赤水、一个爬雪山过草地所能全部代表的。

在项目的设计之初，专家们就深谙此理，希望基于砒砂岩区典型小流域，研究抗蚀促生材料—工程—生物措施、坡面—沟道系统二元立体配置模式；建立砒砂岩区典型小流域抗蚀促生技术二元立体配置技术集成示范研究区；建设砒砂岩改性淤地坝示范工程，为在砒砂岩区利用改性材料建设淤地坝提供范例；开展示范研究区抗蚀促生技术示范研究区监测评估方法，评估示范研究区抗蚀促生效益，为砒砂岩区水土流失治理提供技术支撑。

我们经常说，到什么山上唱什么歌。对于砒砂岩来说，就是一定要因地制宜，合理选取措施进行科学治理。

砒砂岩区地形破碎，千沟万壑，形成的地貌形态大致可以分为山顶（专业术语叫“梁峁顶”或“坡顶”）、山坡（专业术语叫“坡面”）、沟坡（又叫沟道边坡）和沟床（也就是沟底）等地貌单元（见图 9-1）。

不同的地貌单元的侵蚀方式、侵蚀类型及侵蚀强度是不完全相同的。在山顶（坡顶）处，因为坡度平缓，一般小于 5°，而且有的覆盖黄土，有的覆盖风沙，也有裸露砒砂岩的，相对来说，侵蚀不明显。山顶主要是

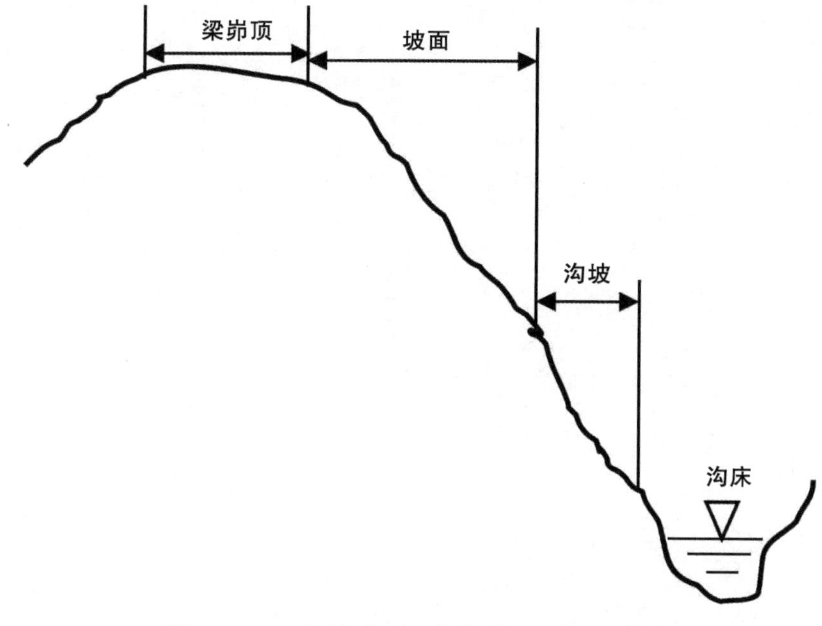

图 9-1　砒砂岩地区地貌形态示意图

降雨产生水流,汇集后流向坡面,冲刷坡面地表;在坡面,砒砂岩区的坡度多在 45°左右,一些更陡,坡顶来的水,加上坡面本身降雨产生的水,冲刷地表,使坡面发生冲刷侵蚀,而且坡面大部分是裸露的砒砂岩,见水易于崩解,加之坡度大,也会发生崩落、泻溜等重力侵蚀;在沟坡,坡度很陡,不少都是 60°以上甚至 80°、90°的陡壁,因此,坡上来的水流流过沟坡时流速会很大,冲刷能力很强,冲蚀沟坡,而且严重引起崩塌、滑塌等形式的重力侵蚀;沟床是洪水、泥沙输移的通道,因为沟道比降远比河道的大,故洪水流速大,会冲刷沟底,使沟道刷深。

因此,对于不同的地貌单元必须用不同的治理措施,也就是说,砒砂岩治理必须采取综合的措施体系。

别小看只有短短的几行字所介绍的立体模式,它却即将把光秃秃的砒砂岩区变成满山的绿色,让粗泥沙永远留在鄂尔多斯高原上,让黄河下游的地上悬河多年后会慢慢成为历史,让黄河岁岁安澜的梦早日成为现实。

第二节　一个陡峭的试验小区

你如果能前往二老虎沟考察和参观，会看到一处建在峭壁上的试验小区。想要看清这个试验小区，必须十分小心，因为它建在一个 60°以上的陡坡上。

下图就是俯瞰这个试验小区刚建成的样子（见图 9-2），这对有恐高症的人可能是一个挑战。当然，要想完整地观看这个小区，最好的办法还是走上 20 分钟左右的山沟路，到达小区的下面，仰视这个小区。

图 9-2　抗蚀促生中试试验小区

在下面这张图中,想必你已经很清楚了,科研人员将山坡划分几个区域,然后把项目的成果分别在这个小区进行集中示范和展示(见图 9-3)。

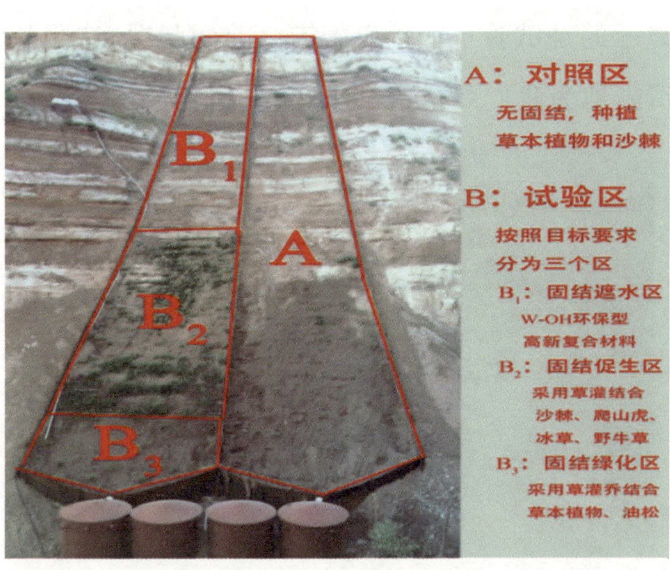

图 9-3　抗蚀促生措施治理坡面试验小区功能分区

2014 年 4 月 22 日到 5 月 10 日，科研人员通过考察、地质勘测、水文分析等方法，总结了现有关于砒砂岩区侵蚀规律、立地条件、生物及工程治理措施、评价预测方法等方面的研究成果，利用系统论、协同学的原理和水土保持学的方法，基于生物学、生态学、水文学、工程学的技术，选定了这个抗蚀促生示范区。将位于二老虎沟小流域出口上游 500 米左右的沟道右岸设立了上图所示的立体配置小区，现场比选设立了两个自然坡面试验小区，一个是没有治理措施的空白对比区（A 区），一个是治理措施试验区（B 区）。两个小区宽度均为 3.5 米，从坡顶至坡底长 43.5 米，每个小区水平投影面积约 150 平方米之多。

在这个试验小区，主要分为三部分，其中沟坡的坡度大于 60°的建设成为固结抗蚀区，坡度在 30°~60°的建设成为抗蚀促生区，坡度小于 35°的建设成为抗蚀绿化区。在抗蚀促生区，科研人员采取草灌结合，种植了冰草、野牛草和沙棘等；在抗蚀绿化区采取草灌乔结合，种植了油松。

当然，在这个位置建设这个试验小区，科研人员和施工人员也是费了一番的功夫，下文我们会一一为你还原这个小区的建设过程。

图 9–4 显示的是试验小区进行施工之前的状况，这张从沟底拍摄的照片可以很清晰地为我们展示这个小区进行施工的难度。

图 9–4　试验小区陡峻的山坡

从图 9-5 已经能看出试验小区的雏形了，这个时候，施工人员正在进行对固结促生试验区进行紧张的施工。

图 9-5　试验小区施工现场

小区的最下边还有三四个红色的大铁桶，这几个桶主要是将试验小区从上流下来的水和泥沙收集起来，进而观测小区的径流量、泥沙量(见图 9-6)。

图 9-6　建成的试验小区

随后，在两个小区的坡顶平缓处，将对照区按保持原始地貌进行围挡，不作任何人为干扰措施，在试验区距离沟缘线 0.5 米处挖掘了截水沟，并将截水沟引至埋藏于地表之下的水窖，截水沟通过将坡顶汇集的雨水大部分引入水窖中，不仅减少了坡面汇流对砒砂岩陡坡的侵蚀破坏，还为坡面下部种植的草被措施提供了水源，可以取得一举两得的良好效果(见图 9-7、图 9-8)。

图 9-7　水窖位置

图 9-8　水窖已经蓄水

建设和设置完这些，科研人员还在小区沟缘线以上的坡顶较平缓的地区实施了草灌混交模式，沙棘、草等植被长势喜人。下面两幅图中，在现场考察的科研人员身后和脚下，就是坡顶平缓处的草灌混交模式(见图 9-9)。

图 9-9　坡顶治理措施

在治理试验区缓坡段，2015 年 6 月引进种植的野牛草、冰草和棒棒草，经过 4 个月的生长期，生长高度达 50 厘米以上，覆盖度达到 95%以上，表明了研发的抗蚀促生材料具有较好的促生功能，而且说明了引进的野牛草能够适应当地土壤及气候条件，具有明显的抗寒能力(见图 9-10)。

6 月

7 月

8 月

9月

10月

图 9-10 2015 年不同月份试验小区植被生长情况

看完上面这些照片，想必有些人会说，这样的植被密度在很多地方都很常见，在自然的条件下就能够达到这种效果。

但是，据准格尔旗水土保持监测站的专家介绍，在当地，之前从来没有见过如此茂密的植物，可以说，在砒砂岩这种几乎不能生长植物的岩石上长出这么好的草，简直不可思议。

当然，这些图片显示的只是 2015 年的项目实施情况，到了 2016 年，随着项目实施，砒砂岩区二元立体配置模式得到了进一步的扩展，并在二老虎沟地区逐渐形成快速发展态势。

第三节　构建二元立体配置模式

这次，专家们针对础砂岩提出的这个体系与以往用于其他地区的常规措施体系不同。以往常规的措施体系可以归结为生物措施—耕作措施—工程措施，而这次的体系是化学措施—生物措施—础砂岩改性措施。

根据不同地貌单元的地形、侵蚀特点和各类措施的作用与功能，选择措施体系中合适的措施单元与相应的地貌单元相适配，就形成了二元配置模式。或者说，这就是根据础砂岩区自然生态条件及侵蚀规律，建立适合于梁峁顶、坡面、沟坡、沟道等不同地理条件的空间立体植物配置模式。

如下面图 9–11 所示，在空间结构上，科研人员把础砂岩小流域分为五个区，即 A—梁峁顶，B—70°以上的坡面，C—35°~70°的坡面，D—35°以下的缓坡，E—沟道。在此空间结构划分的基础上，分别对不同的空间结构进行了不同的治理措施。

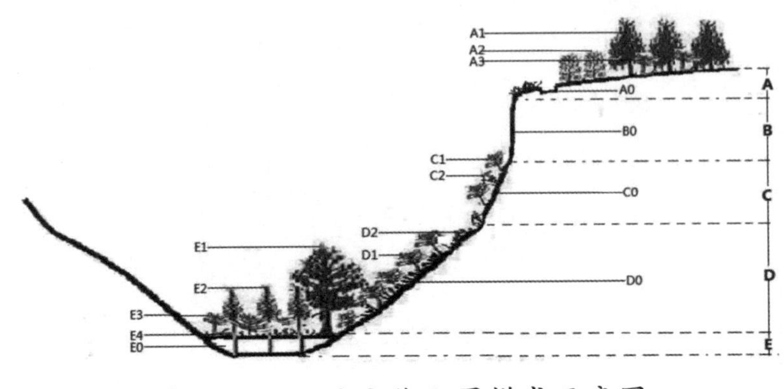

图 9-11　二元立体配置模式示意图

科研人员提出的这个二元立体配置模式，不仅仅考虑沟坡的治理，还兼顾砒砂岩区的坡顶和沟底的治理。

下面我们详细介绍一下这个二元立体配置模式的具体内容。

在坡顶，也就是 A 所示区域内，因为地势平坦，适宜营造大面积人工林。

这个区域的治理措施包括人工林建设和沟沿维护措施（见图 9-12）。人工林建设选择的配置模式为油松 A1×沙棘 A3 混交林（若坡顶形成沙棘林，只需在林间补种油松即可），穴状整地。沟沿维护措施包括：在对沟沿的维护上，采取的配置模式为在距离 2~3 米沟沿处营造 2 行柠条（A2）护崖林带，并在距离沟沿 1.5~2 米处挖截流沟（A0），并喷洒浓度为 6%以上的抗蚀促生材料。

对于坡度在 70°以上坡面，也就是在 B 部分，这部分只喷洒浓度 6%以上的固化剂 W-OH 进行完全固化。主要原因是这种类型的坡面植被难以生长，但是侵蚀严重，对其进行完全固化，可有效防止水蚀、风蚀等侵蚀行为，保证了坡沿的稳定。

对于坡度在 35°~70°以上的坡面，这类坡面也不稳定，因此，宜采取生物措施与工程措施相结合的方式。其中的植物措施是采用沙棘（C1）×

冰草(C2)混交,工程措施采用深挖鱼鳞坑种树苗,林间挖浅坑条播草籽,同时喷洒浓度为4%~6%的固化剂 W-OH 抗蚀促生材料的方式。

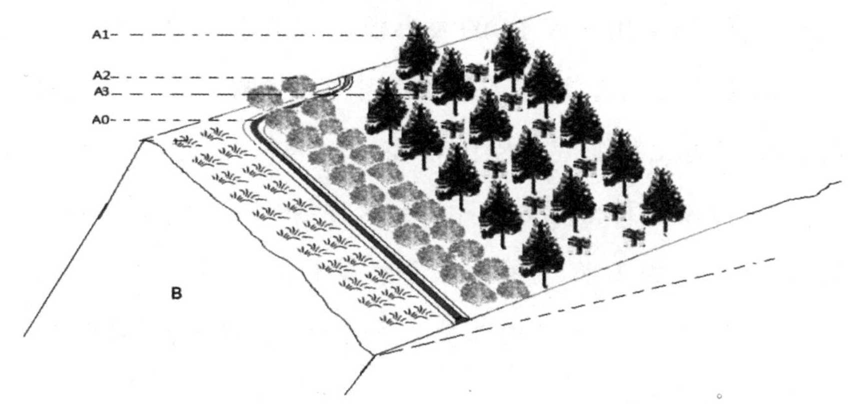

图 9-12　坡顶治理措施示意图

至于坡度在35°以下的坡面,也就是图9-13所示的D坡。这个区域通常由坡面上部的沙土滑落堆积形成,土壤松软,适宜植物生长。因此,该区域的治理在植物措施上表现为:坡面为沙棘 (D1)×冰草、披碱草(D2),坡脚为沙柳疏林;在工程措施上表现为:坡面开挖水平沟种植沙棘,喷洒浓度为2%~4%的 W-OH 抗蚀促生材料。

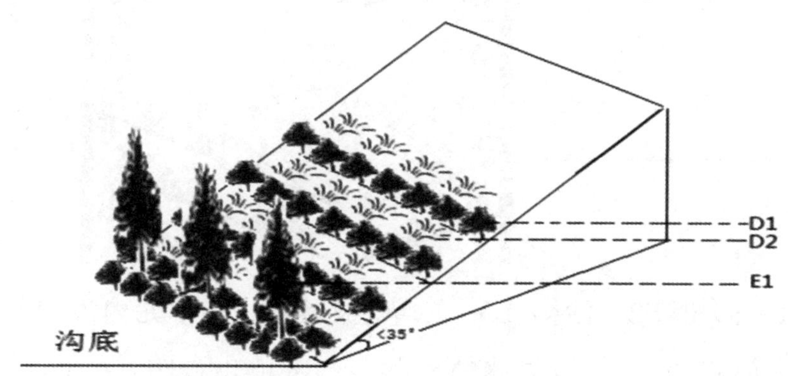

图 9-13　35°以下坡面配置模式图

对于沟道内的治理,也就是图9-13中E区所示。这个区域内水分充足,土壤疏松,适宜草本植物和根系发达乔灌植被生长。

因此,这个区域的治理在生物措施上表现为采用沙柳以及沙棘×冰草混交形式;在工程措施上表现为:沟道内呈V型栽种沙柳(沙棘),在沙柳(沙棘)林行间挖浅坑撒播草籽,如图9–14所示。V字型开口位于沟道上游,其开口角(图中用θ表示)的大小根据沟道水流侵蚀情况及宽度相应改变,偏向无侧蚀或者侧蚀较弱的一侧。V字两边的长度也根据此作出相应调整,缩短无侧蚀或者侧蚀较弱一侧的长度,增加侧蚀相对严重一侧的长度。沙柳栽种密度为株距0.5米,行距1~2米,品字栽种。沟道两侧杨树栽种密度为3米。草籽间种于沙柳行间,平行于V字撒播,行距50厘米。以沟道内有效距离20米为一个单元,栽种3行沙柳。单元间只进行草本植物的播种。

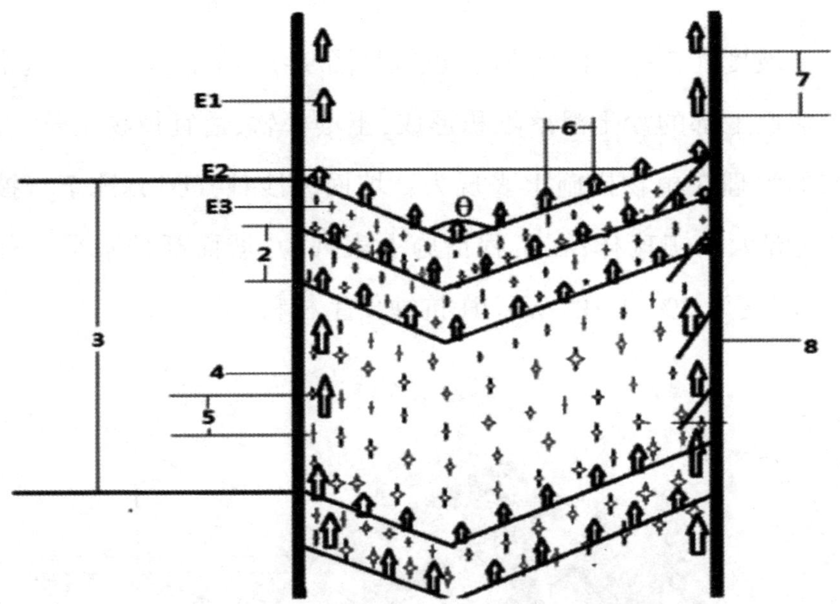

E1—柳树;E2—沙柳;E3—冰草、披碱草;2—单元内沙柳行距2米;3—单元间距20米;4—无侧蚀面;5—草本植物行距0.5米;6—灌木株距0.5米;7—灌木间株距1米;8—侧蚀面

图9–14 沟道内柔性坝俯视示意图

由此,科研人员通过对划分的五个空间结构进行了不同的治理措施,构建了一个适用于砒砂岩区的抗蚀促生二元立体配置模式。

第四节　二元立体配置模式是如何布置的?

在完成了对砒砂岩区抗蚀促生二元立体配置模式的设计之后,就进入了实战阶段。就像常规的施工一样,施工效果图是一回事,现实施工是另一回事。对于很多人来说,能够真真切切看到的才是最佳的效果。下面,我们就随着科研人员的脚步,来近距离地接触一下这个二元立体配置模式。

首先是梁峁顶治理措施及效果。

在这个环节中,科研人员在小区坡顶种植油松林和沙棘,并依靠挖设截水沟来防止雨水汇集冲刷坡面,并沿着截水沟种植柠条,提高截水沟稳定性的同时,依靠植物的根系来截留汇流水中携带的泥沙,提高水土保持能力。

对于这个环节,保证能够很好地完成截水,科研人员沿着二老虎沟西侧沟岸开挖了长度总共为200米、宽40厘米、深30厘米的截水沟宽,种植的柠条株距 0.5 米。同时，在汇流比较集中的地方，设置直径 1 米、高 1.2 米的水窖(见图 9–15、图 9–16)。

图 9–15　开挖截水沟

图 9–16　种植柠条种子

那么，为什么要采用这样的治理措施呢？

1.油松为当地乡土树种，适宜砒砂岩区降雨稀少、干旱贫瘠的气候土壤环境。沙棘作为先锋物种，已经表现为在砒砂岩上的良好适应性。

2.油松×沙棘混交林形成乔灌搭配模式，不仅提高了单元内物种多样性，有利于生态系统的稳定，提高抗病虫害能力，同时，两种植被共生的效果也比较良好，原因就是前面说的沙棘可通过根部固氮提高土壤肥力，为油松的生长提供养分，促进了油松林的生长。

3.柠条适应当地贫瘠干旱的环境，抗病虫害能力强，扎根深，根须多，能够有效地固定沟沿土壤。采取条播种植的柠条，形成的林带根茎纵横深扎、根蘖丛生分支，有效拦截泥沙，分股径流，降低坡面雨水对沟沿的侵蚀。

4.截水沟能够有效地拦截地表径流，拦沙蓄水，避免雨水流入坡面而形成叠加径流。科研人员为此进行了观测，结果显示，坡顶的雨水主要被截留在穴状坑内，即使在降雨强度最大的月份，也没有汇流到坡面上。这就充分说明，截水沟能够拦截住流向坡面的雨水，避免对坡面形成冲刷。

其次，在砒砂岩区，随处可见坡度在 70°以上的坡面，对这方面的治理,科研人员采用的是喷洒高浓度 W-OH 材料的方式。下图(见图 9-17)就是一个对照,显示的就是在 70°以上坡面喷洒高浓度 W-OH 材料的治理效果。

图左侧为固化区,右侧为对照区

图 9-17 喷洒抗蚀促生材料试验

科研人员在喷洒抗蚀促生材料后,经过 2 年的观测和测试,结果发现,土壤表层依然有固结层,能够避免水分下渗,防止了雨水对坡面的侵蚀,也完全避免了风力侵蚀。

在图 9-17 中,可以明显看到,左侧坡面能够较好地保持原貌,说明抗蚀促生材料的喷洒基本上阻止了雨水的侵蚀作用,同时为坡面已有植被提供了稳定的土壤环境,因此植被较为茂盛,长势较好。

右侧坡面明显剥落严重,坡面逐渐趋于光滑,也由于坡面表层土壤不断脱落,无法为植被提供一个稳定的土壤环境,因此很少有植被可以存活。

以上试验证明, 抗蚀促生材料完全可以起到固化坡面土壤的效果,有助于坡面的稳定,防止侵蚀的发生。

再次,对于坡度在 70°以下的坡面,科研人员采用的治理措施是栽种沙棘为主,合适地方间种冰草、披碱草等种子的治理模式(见图 9-18)。

其中沙棘株行距 1 米×1 米,在栽种的同时,让沙棘苗的根沾生根粉后，采用穴状栽种。

图 9-18　坡面治理后沙棘、碱草生长状况

科研人员根据调研发现，沙棘是在坡面生长良好的灌木；冰草等根茎型禾本科耐土埋，可以根茎繁殖。通过在砒砂岩表面喷洒 W-OH 抗蚀促生材料可以为草本植物生长提供稳定的土壤环境，促进沙棘林下植被恢复，因此 35°~70°坡面优先选用穴植沙棘+冰草（披碱草、草木犀等）治理（见图 9-19、图 9-20）。

图 9-19　示范小区对面坡面治理前后

图 9-20　示范小区左侧坡面治理前后对比

治理完坡顶、坡面，最后需要治理的就是沟道了。

采用V字种植，改变水流方向，防侧蚀，加速泥沙沉淀，抬高河床基准面，防止沟道侵蚀。同时，在沟岸密植扦插沙柳，防护沟岸侵蚀。栽种方法：V字型扦插沙柳，间种（条播）冰草、披碱草。沙柳株距0.2~0.3米，行距0.5米。这样就可以在沟床上形成了植物柔性坝。

这样的措施到底行不行呢？我们还是根据现场的效果来判断吧。下面的图9-21是从现场拍摄的，从图中可以看出，沙柳成活且长势良好。

在这个措施中，科研人员利用沙柳耐埋特性，利用其根茎拦沙固土作用，减轻沟岸侵蚀，拦截沟岸上方坡面塌落的砂土，形成相对稳定坡面，促进沟坡植物修复。

图9-21　沙柳×草柔性坝初步形成

那么，科研人员为什么要采用这样的治理模式呢？

首先是沙柳、冰草、披碱草等耐沙埋，沙越埋生长越旺，适宜在础砂岩区沟道内生长；沙柳、冰草等根部都易生不定根，被泥沙掩埋后，能迅速根蘖出新的植株，在较短时间内能够有效增加沟道植被覆盖率。

其次是植物柔性坝能够有效拦截泥沙，控制泥沙输移现象；V 字型开口的设定可以有效改善河道走向，避免对单侧造成过度的侧蚀。

另外，经过研究，科研人员与当地相关水土保持管理等部门及相关企业结合，还在示范区流域出口建设卡口站和一座淤地坝。这样一来，不仅能够将之前的砒砂岩改性和固结促生技术在此进行应用，还能够建立系统的砒砂岩区坡面—沟道二元立体配置结构体系。

在介绍完二元立体配置模式是如何布置的情况后，我们再回顾一下示范区建设的片段。让我们走进时光隧道，领略一下当时建设的过程吧。

在这个过程中，需要进行 5 个方面的工作，下面我们就一一来进行介绍。

首先进行的是挖掘截水沟和储水窖。在这个过程中，截水沟和储水窖的设置是否恰当和合理，直接关系到作业面雨水的收集效果，影响植被供水等生长环境。截水沟应设置在坡顶收集雨水，截水沟底部、沟壁及储水窖内壁需喷涂高浓度的 W-OH 抗蚀促生复合材料溶液，沟上口线外 0.5 米左右范围内地表喷涂高浓度的 W-OH 抗蚀促生复合材料溶液，形成 1~3 厘米厚的固结层，增强截水沟稳定性和储水窖的储水效果。

图 9-22 是在坡面上进行喷洒抗蚀促生材料的现场。

图 9-22　坡面抗蚀促生措施施工现场

下面的图 9-23 中显示的就是工人在陡坡上施工的场景，可以想象得出工人们的施工还是相当辛苦的。对于一些恐高症的人来说，在这里不要说施工了，只是走走都会头晕目眩的，更不要说手里拿着喷管往坡度在 60°以上的沟坡上喷洒抗蚀促生材料了。

图 9-23　陡坡施工现场

在施工的时候，科研人员都为这些工人捏一把汗，但是工人们对此嘿嘿一笑，他们说从小放羊的时候，每天走的都是这样的路，这叫作习惯成自然。大家知道，还有一句话可以概括这种行为，叫作艺高人胆大。

在喷洒 W-OH 系列抗蚀促生复合材料之后，进行的是植物种植。这个过程也很重要，因为在这种恶劣的环境中种植植物，稍有不慎就会血本无归，辛辛苦苦种下去的植物很可能不会扎根发芽长大，甚至连种下去的草籽、插下去的枝条都没有了。

经过试验研究和考察市场上植被种子的供应情况，科研人员最后选择草木犀、冰草、披碱草和沙棘作为主要植生材料种在坡面上，而在沟底则选择沙棘和沙柳建立植物柔性坝，并混交草木犀、冰草和披碱草。

话又说回来了，费了这么大的劲，总体效果怎么样呢？当然，还得有检验标准。对于这个砒砂岩治理二元立体配置模式来说，正确评价二元立体配置模式的科学性、可行性和抗蚀促生作用也很重要，因为它直接关系着今后能否为砒砂岩区水土流失治理提供水土流失治理的有效案例和依据。

请来看看这些措施实施后的一些观测效果吧。

首先是固结效果的对比，请看下面的图 9–24。

图 9–24　陡坡固结效果对比

看出问题了吧，在左图中，浇了水，没有经过固结的砒砂岩转眼之间就溃散了，形成了一股湿润的水沙往下流；而右图呢，经过固结后的砒砂岩一点都没有变化，就像我们常见的水浇在石头上一样，水一直往下流，石头毫无反应和变化。这说明对砒砂岩采取的固结措施是非常有效的。

当然，你可能还惦记着示范区整体的情况，那我们也赶紧去看看。下面的图 9–25 显示的是实施上述措施一个月后的情况。

图 9-25　实施 1 个月后的效果

再来看看实施措施三个月后的效果(见图 9-26)。

图 9-26　实施 3 个月后的效果

讲述完这些,有些细心的读者可能还惦记着一件事,那就是我们前面提到的那个改性淤地坝怎么样了,那个卡口站建设得如何了呢？下面来感受一下淤地坝的震撼吧(见图 9-27)。

图 9-27　用砒砂岩改性材料修建的淤地坝

你看这个淤地坝,虽然可能与那些著名的水利工程相比确实有些不值得一提,然而这不是一座普通的坝,它是世界上第一座完全用砒砂岩为基础材料建设的淤地坝,改变了不能用砒砂岩原岩筑坝的历史。

2016 年,示范区一天降了近 200 毫米的大暴雨,淤地坝库区内蓄的水有五六米深，但坝体安然无恙，岿然不动，不漏水，不渗水，而同时在十大孔兑的淤地坝却跨了一二十座。这就是效果，这就是科学的奇迹！

在砒砂岩的历史上，这座坝注定会成为一个标志。这个标志告诉我们两个事实：第一，砒砂岩地区不能就地取材筑坝的历史成了过去；第二，带来这种改变的是科学技术的进步，更是科研人员的智慧结晶。

当我们享受大自然带给我们的各种美好生活的时候，内心是怎样的一种激动，同时，当我们面对大自然无尽的挑战和难题的时候，内心又会是怎样的一种无奈。幸好，老天还为我们留存一把钥匙，让我们用这把钥匙解开无奈的心结。当科学的曙光在黑夜中一点点地散开，我们看到了美好的生活正冲我们招手，冲我们微笑。

科学技术，一个多么美好的词。它改变着我们的生活，改变着大自然，改变着我们能看到、听到甚至感触到的一切。

当砒砂岩在祖先们面前逐渐展示它的美丽，也开始露出它的狰狞时，一粒粒的粗泥沙从坚如磐石的砒砂岩中输送到滚滚东流的黄河水中，谁又能想到它竟然贪恋古都开封的繁华，把根扎在那里，守望着古都一次次被洪水淹没，又一次次从泥土中走向繁华。

黄河不再改道，再没有机会把开封城送入滚滚东流的黄河水中了。而到了今天，我们敢教日月换新天，我们敢让砒砂岩不再肆虐，黄河水泛滥的日子定要远去了！

当然，治理砒砂岩的工作仍旧有很多的未知因素。不过，“黄河清、圣人出”的美好愿景还是激励着一代代的治黄人前赴后继，黄河岁岁安澜的治黄目标也在指引着他们奋勇前进。

砒砂岩只是治黄工作的一部分，却也是黄河治理的一项重要工作。当一粒粒的粗泥沙再也不从砒砂岩溃散后生成，当砒砂岩地区真正回到久远年前的那种青山绿水、郁郁葱葱，我们是何等的欣慰！我们有理由相信,历史会记住,有一群人,他们为了砒砂岩的治理,在一个叫二老虎沟的地方,挥洒了热血、挥洒了青春,他们用实际行动向我们说明了一个道理:能够解决实际问题的才是真正的科学家!

第十章
科技必将让砒砂岩区恢复青山绿水

在佛教中,有一个梵语叫作“轮回”,把它对应今天的人类和自然界的关系,也是恰如其分。本来地球上的动植物与人类是和睦相处的,但是人类为满足私欲,疯狂地向自然索取,破坏自然环境,最后把一个好端端的地球搞得乌烟瘴气,把人类本该享受的天堂生活硬生生地变成了可怕的地狱。

无需用心去寻找,单从每天的自然灾害和战争灾难中就不难看出这个逻辑,人类常常被告知:如果不珍惜大自然,等来的就会是大自然疯狂的报复。今天,全世界的很多地方都在经历着大自然的报复,忍受着各种各样的痛苦。

值得庆幸的是,人类已经认识到了与大自然和谐共处的重要性,开始用科技的手段并投入巨资来治理已经被破坏得乌烟瘴气的地球,让它逐渐恢复往昔的美丽。君不见昔日的雾都英国伦敦现在也是蓝天白云,君不见20世纪被大气严重污染的美国匹兹堡和日本川崎现在环境甚是怡人。

有人说,破坏是一件很容易的事,而要想恢复是很难的,人类用短期带来的对自然生态的破坏,想要恢复到原来的状态,所要花费的时间和金钱却往往是不可估量的。就像一面镜子,摔碎就是松一下手的事情,而要把这面镜子恢复原样,除了回炉重新加工,几乎别无二法。

说到这里,把话题回到我们一直在说的砒砂岩上,几乎也是一样的。据说,在西汉以前,砒砂岩上面覆盖有厚厚的黄土,也是青山绿水。然而随着人类的迁移和大量开垦活动的加剧,森林被破坏了,水土开始大量流失,黄土覆盖下的砒砂岩开始露出它“狰狞”的面目,失去了表层黄土保护的砒砂岩区开始疯狂地报复人类。于是,砒砂岩在水力、风力、冻融和重力等多种侵蚀力的共同作用下, 开始向黄河拼命地输送粗泥沙,而这些粗泥沙到了黄河的下游则一点点地淤积起来,硬生生地将黄河下游河床逐步抬高。

于是,到了唐宋时期,这个对河南开封来说最繁荣的时期,却留下了最痛苦的记忆。一次次的决堤,一次次的淤积,让古都文明像书页一样一层层地被掩埋在地下。水往低处流,砒砂岩产生的粗泥沙将水送到了下游人们的头顶。

尽管上千年来,历朝历代都在治理黄河,但是真正能够降服黄河的是在新中国成立后的这六七十年。就说砒砂岩治理这件事吧,几代研究人员相继投入了大量的精力探索治理砒砂岩之道,国家、地方政府都投入了巨额资金用于治理砒砂岩之业,目前,业已取得了可喜的成绩。

回顾砒砂岩治理的这几十年,将砒砂岩区旧貌换新颜的力量正是神奇的科技。让砒砂岩区回归到已经远去的昔日的青山绿水,唯一能够依靠的只有科技这两个字。回望欧美对环境的治理,我们有理由相信,砒砂岩区一定能够跳出自然环境“破坏—修复—破坏—修复……”的模式,进入一个更美好的时代。

然而，科技改变自然的步伐也不是一口吃个胖子，而是一个循序渐进的过程，甚至一不小心还可能会走回头路。

我们不能忘记，以往航拍的砒砂岩区的照片一直在诉说着，面积1.67万平方千米的地方沟壑纵横，一片片巨大的“五花肉”尽收眼底，坡顶是光秃秃的黄土或者裸露的砒砂岩，即使在夏天，这里也缺少让人醉心的绿色，更无须奢望郁郁葱葱。

一年四季中最长的是春天，当江南和中原大地已经满是万紫千红、绿意盎然的时候，砒砂岩区仍旧是光秃秃的一片。冬天的时候，这里只有单调的黑白色，因此，这里也被称为“地球上的月球”。试想如果在这里拍摄关于月球的科幻电影，怕是再合适不过了。

不过庆幸的是，砒砂岩的治理正在走一条循序渐进而不退转的路，无论生物措施还是工程措施，都在一年年的实践和效果中得到验证。

从看似柔弱的沙棘、漫山遍野的油松，到开满黄花的柠条，还有大大小小的淤地坝、谷坊和植物柔性坝等，这些措施都在用看得见的效果展示着科技对砒砂岩的改变。现在你在砒砂岩区走一走，可以看到，在覆土覆沙的山顶，在沟底深处，绿色植物一年比一年多了，专门治理砒砂岩的植物正以更快的速度扩充领地。

当然，这些都是常规动作，为了探索更好的治理方式，在圪秋沟二老虎沟小流域内，“十二五”国家科技支撑计划项目“黄河中游砒砂岩抗蚀促生技术集成与示范”研究团队的专家们，从几年前开始扎根这里，经过几年的努力，取得了一系列显著科研成果，在传统的砒砂岩治理的模式上，创新并完善了“抗蚀促生”这一全新的砒砂岩治理理念，在传统的砒砂岩治理模式上，注入了一套全新的思路和模式。可以预见，新的措施和新的技术手段将陆续在这里发挥更大的作用。

几年过去了，研究人员的科技攻关让二老虎沟的容颜得到了不少改变，砒砂岩改性淤地坝、小谷坊都经受住了2016年大暴雨的考验，试验小区长出了当地极少见到的高大茂盛的植物，沟底的沙柳、沙棘拦沙效果非常明显，就连原来不长植物的陡峭砒砂岩上都成功种活了一行行的沙棘和成片的野牛草。

然而，这些技术对于砒砂岩来说，仍旧是不够的。对于国家研究团队的专家们来说，未来的路还很长，也许需要一代接一代的人持续进行这个工作才能达到应该有的效果。

对于科技来说，从来就没有捷径。纵观人类科技史的发展历程，所有的科技都是从认识到思考，从思考到形成理念，然后到实验室里验证，到实验室外试验，总结，完善，最终形成一套成熟的体系才能进行推广。在人类史上，大凡能够改变人类命运的科技成果都是这样得来的。

从项目的启动到结题，这支国家科研团队的专家们一直在二老虎沟这个方圆几平方千米的地方默默地耕耘着。在这个团队中，有这么一群在城市里学有所成的年轻博士、硕士，他们在树荫下睡觉，啃干粮，喝冷水，流鼻血，晒脱皮，披星戴月，有时候在这里一待就是几个月。当然这还不是他们工作的全部，他们还得在实验室里做各种实验。

常常听到有人说现在的年轻人心浮气躁，但是在国家科研团队里的这群年轻人的身上，你看到的是他们为了做实验连觉都睡不好，连身体都不顾，连家庭也照料不到，甚至还会拉着家人一起参与实验。

从项目的开始一直到现在，这群年轻人在老一代科研人员的带领和影响下，一直在延续着这种“二老虎沟科研传统”。虽然几年的时间对于整个砒砂岩区生态改变来说还是很短，但是这个团队的科研人员是真正在兢兢业业地努力工作着，在他们心中，让砒砂岩变得青山常在、绿水长存就是科研的终极目标。

这种能够俯下身子做一件事，并将这件事做到极致的精神，在当下这个浮躁的社会中，无论放在哪一个领域都显得永远是那么重要！

法国17世纪最具天才的数学家、物理学家和哲学家帕斯卡尔曾说，人只不过是一根苇草，是自然界最脆弱的东西，但他是一根能思想的苇草。用不着整个宇宙都拿起武器来才能毁灭他，一口气、一滴水就足以致他死命了。然而，纵使宇宙毁灭了他，人却仍然要比致他于死命的东西更高贵得多；因为他知道自己要死亡，知道宇宙对他的优势，而宇宙对此是一无所知。因此，我们全部的尊严就在于思想。

帕斯卡尔这个只活了39岁的法国人做出了让世人瞠目结舌的成果，他的众多成就中的任何一项，都是很多人一生都难以企及的高度。对于更多的现代人来说，他的遗产中最出色的应该是他的思想，很多人从他的《思想录》中获得诸多生命的启示。

帕斯卡尔用一生的辉煌阐释了一个科学家的信仰和追求，而这也许就是一种对砒砂岩治理的启示——必须用至诚的信仰来推动科技的发展。这种启示在这个研究团队中得到了一定的体现，对于被称为“地球生态癌症”的砒砂岩来说，科研人员未来要面对的除了技术的障碍，还必须有对攻克技术难题的信仰。对丰满梦想的追求永远都要立足于骨感的现实，砒砂岩的美好明天也要一步一个脚印才能走出来。

当下，诚如银环在豫剧《朝阳沟》里唱的那样：祖国的大建设一日千里。同理，中国的科技也是一日千里，尽管我们还有那么多的诺贝尔奖没获得，尽管我们的科研体制经常被人诟病，但是我们还得看到，在科研的最基层，有那么一批批的年轻人在老一辈科研人员的带领和影响下，默默地做着自己的分内工作。在这里，不用将他们的名字一一列出，也不用将他们的故事反复地讲述，仅仅是当在城市享受着现代文明的人们走进二老虎沟，看到眼前的这一幕幕改变，相信所有人的心中都会掀起一阵阵不小的波澜。

科技必将改变生活，让我们的生活变得更加美好。同理我们也一定相信，一代又一代的科研人员扎根砒砂岩区，让科研的精神在这里生根发芽，让科研的成果在这里开花结果，将更多的科技从实验室搬到这个方圆 1.67 万平方千米的沟沟壑壑中，随着时间的推移，这里将会出现越来越多的绿色。

试想一下，有一天，当我们再到砒砂岩区的时候，这里不再有水土流失的现象，各种树木争相生长，天是那么蓝，风是那么轻，云是那么白。走在砒砂岩区，一边欣赏着让人垂涎欲滴的巨大的砒砂岩断壁上的“五花肉”，一边品尝着在这里种植的各种水果。吃饭的时候，一边吃着味道鲜美的羊肉，一边喝着由沙棘果制作的饮料，当然还有其他的果实制作的美酒，是不是找到了人间天堂的感觉呢……

科技必将引领美好未来，有一代代信仰满满的科研人员的不懈努力，加上科技这把手术利器，我们有理由相信，被称为“地球生态癌症”的砒砂岩区的明天一定会变得美丽起来！